诗画里的中国茶

朱海燕 编著

中国农业出版社
北京

宋
明
民国

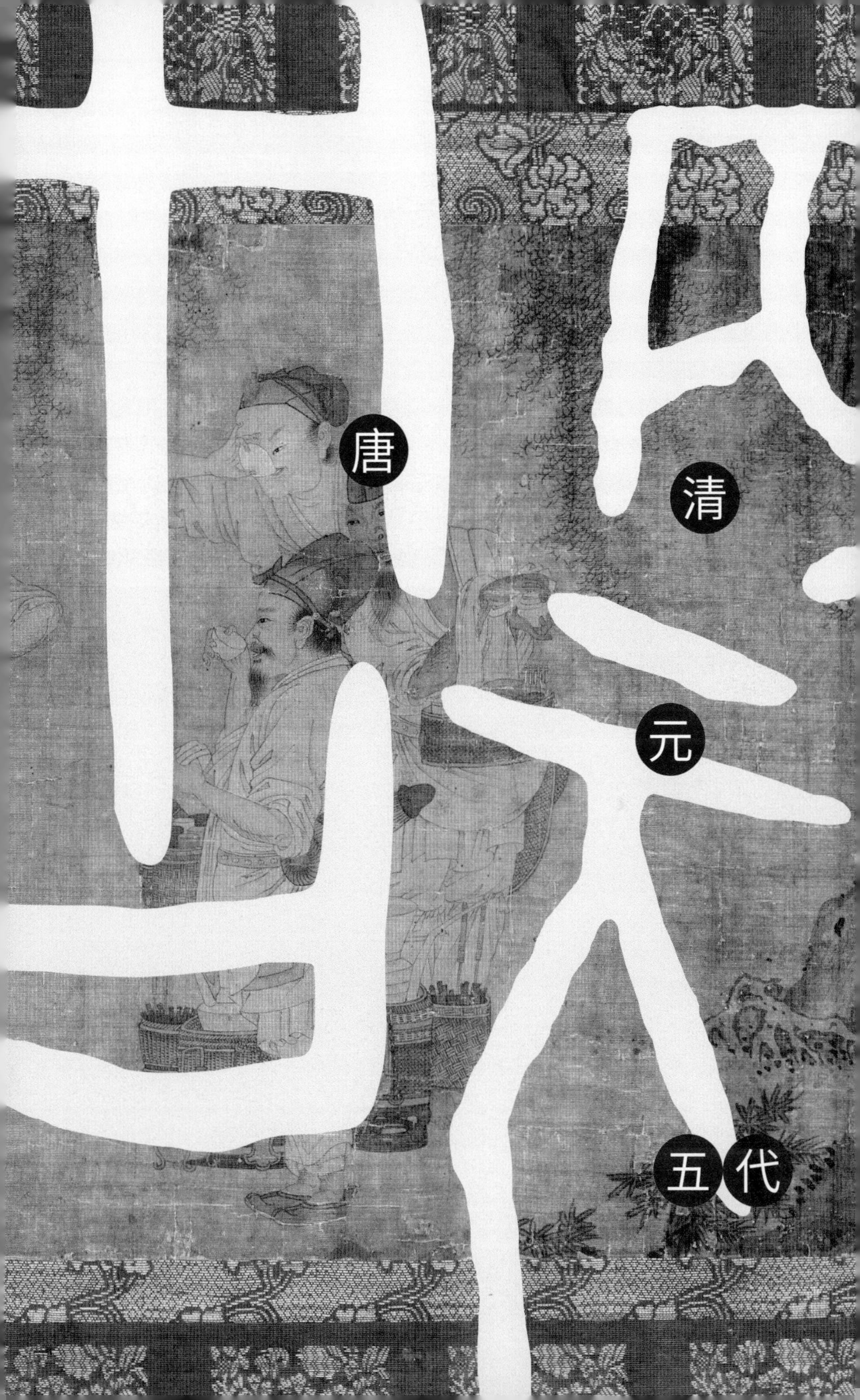
唐
清
元
五代

概述

中国是茶的故乡，茶历经食用、药用到饮用，伴随着人类生活的数千年中，逐渐超越物质感官享受升华到精神感悟，历代文人雅士用生花妙笔，赋予一片绿叶无限的诗情画意，创作出诗词歌赋、小说、戏剧、绘画以及歌舞等形式多样且意蕴丰富的艺术作品，淋漓尽致地表现了不同历史时期、不同阶层的茶事活动，以及中国文人饮茶生活情趣和审美理想，散发着对茶的赞美，对生活的热爱，对美的追求，洋溢着迷人的风韵。《诗画里的中国茶》的创意旨在透过那些充满着深情厚意的字里行间、栩栩如生的人物形态、浓淡虚实的墨色、刚柔相济的线条，触摸中国古人那些或轻松惬意，或高远古雅，或豪迈浓情，或禅意空灵的品茶时光，去领略中国茶道美学的诗意呈现。

早在两晋时期，茶作为饮品，步入文人的生活。唐代，迎来中国历史上最繁荣的盛世，茶树种植面积扩展，茶的生产贸易繁荣，世界上第一部茶学专著——《茶经》问世，茶饮风靡，成为上至皇宫贵族，下至贩夫走卒的日常饮品。茶日渐与琴棋书画、诗词歌赋等文学艺术相融合，饮茶开始成为一种具有文化意义的嗜好，唐代诗词中与茶有关的诗作多达500余首，体裁有绝句、宝塔诗、唱和诗等，涉及的题材丰富多样：或咏名茶，如孟郊的“蒙茗玉花尽”、钱起的“竹下忘言对紫茶”、白居易的“茶中故旧是蒙山”等，四川蒙山的贡茶、湖州的紫笋茶、四川剑南蒙顶茶皆入诗中；或记述茶叶生产加工，如李白的“曝成仙人掌，似拍洪崖间”、张继的“莫嗔焙茶烟暗，却喜晒谷天晴”，让晒茶、焙茶工序也入了诗境；或描写烹饮场景，如郑邀的“夜臼和烟捣，寒炉对雪烹”“汤添勺水煎鱼眼，末下刀圭搅麴尘”，茶事中的器、水、技皆成了诗人的审美对象；或赞茶之功效，如薛能的“茶兴复诗心，一瓯还一吟”、司空图的“茶爽添诗句”、陆龟蒙的“倾馀精爽健，忽似氛埃灭”、皎然的“赏君此茶祛我疾，使人胸中荡忧栗”、刘禹锡的“悠扬喷鼻宿酲散，清峭彻骨烦襟开”……那些富有生活气息和品饮趣味的场景也成为入画的题材，阎立本所作《萧翼赚兰亭图》，也是至今为止发现的最早的茶画，描绘了儒士与僧人共品香茗的画面；张萱所绘《明皇和乐图》呈现的是宫廷帝王饮茶，和乐融融的场景；唐代佚名作品《宫乐图》，描绘了宫廷贵夫人们饮茶听曲的悠闲时光。总体而言，唐代茶画尚处于开拓时期，对烹茶、饮茶具体细节与场面的描绘比较具体、细腻，色彩亮丽，人物形象丰满，展现出一派盛唐气象。

至宋代，皇帝宋徽宗赵佶亦躬身著作《大观茶论》，饮茶之俗更深更广地渗入各阶层，茶已成为中华大地“家不可一日无也”的日常饮品。皇帝以茶为赐，百姓以茶待客，僧侣道士以茶论道，文人雅士以茶交友，评泉水、论器具、办茶会、行茶宴已成为常见的交友或休闲生活。“点茶、焚香、挂画、插花”被称为文人生活四艺，茶已然是文人生活艺术中不可或缺之物，既可以寄情，又可托以言志，以茶为题材的诗词、绘画、书画等如雨后春笋，不断涌现。据不完全统计，宋代茶诗作者260余人，现存茶诗逾1200篇。范仲淹、欧阳修、梅尧臣、苏轼、黄庭坚、辛弃疾、李清照、吴文英等著名诗人皆留有茶诗词作品，如范仲淹《斗茶歌》："斗茶味兮轻醍醐，斗余香兮薄兰芷。其间品第胡能欺，十目视而十手指。胜若登仙不可攀，输同降将无穷耻"，生动地描述了民间斗茶的场景；欧阳修《双井茶》："长安富贵五侯家，一啜犹须三月夸"盛赞茶叶的绝佳口感；梅尧臣的《尝茶和公仪》，歌咏茶汤"汤嫩水轻花不散，口甘神爽味偏长"；李清照"生香薰袖，活火分茶"，描写的是宋代流行的"分茶"游戏。相比唐代文人而言，宋代文人喜欢描述品茶清幽的意境、空灵的禅境，显现出理性内省的风格，注重茶事活动中的细节；与唐代茶诗的古朴率直相比，北宋茶诗的艺术风格显得更加细腻婉约、清丽阴柔，许多作品都有一种清幽的理性的美，将作者对茶的理解和感悟倾注于诗中，流传于世。如欧阳修的诗句"宝云日注非不精，争新弃旧世人情。岂知君子有常德，至宝不随时变易。君不见建溪龙凤团，不改旧时香味色”，借助建茶一直不变的品质来表达他坚守初心的道德理想；梅尧臣在收到故人所赠送的建茶后写下《李国博遗浙姜建茗》一诗，“我心易厌足，不比填沟壑”，饮罢新茶，内心便已不似那般欲壑难填，展露出知足常乐的心境；苏轼在《和钱安道寄惠建茶》中写道，“建溪所产虽不同，一一天与君子性。森然可爱不可慢，骨清肉腻和且正。雪花雨脚何足道，啜过始知真味永。纵复苦硬终可录，汲黯少戆宽饶猛”，借茶比喻自己守正不阿、宠辱不惊的气节。

宋代，绘画艺术的写实技艺达到了巅峰，中国茶事绘画在宋代随之步入了巅峰。唐代茶画中，茶题材尚只是人物画的点缀和铺垫，宋代茶事绘画突破了人物画的桎梏，与时代相结合，表现渗透到上至皇家庭院，下至平民百姓的各个社会阶层的茶事生活场景，注重意境的表现和作者胸臆的表达：痴迷茶事与书画的皇帝宋徽宗，他在自己所画的《十八学士图》基础之上改画而成《文会图》，记录了当时宫廷内与满朝文武进行茶宴集会的场景，更为中国绘画史和茶叶发展史上留下了浓墨重彩的一笔；南宋著名画家刘松年的《撵茶图》细致详尽地描画了宋代茶饮的主流点茶形式以及归隐山林、寄情山水的先贤高士们雅集品茶、观画作书时的生动场景；张择端《清明上河图》局部描绘市井喝茶的小茶坊，画中几人一边喝茶一边谈论，兴致颇高，真实反映了百姓生活场景。与此同时，宋代文人在欣赏具体的茶事绘画过程中，以题字咏诗的方式，将自己的所思所想，呈现在画卷之中，开创了书画题跋的先河，因此茶诗茶词的兴盛，丰富了茶事绘画的文化内涵，推动茶事绘画走向更高的艺术殿堂，同时对元、明、清茶事绘画产生了深远的影响。元代赵原所作《陆羽烹茶图卷》，以茶圣陆羽入画，描绘山长水远、草木青葱的自然景象，画面构图精致、笔墨细腻，将自己悠然的胸怀与性情融入画中。

进入明清，茶文化进入跳跃式发展期，无论是茶叶生产、制造方法、饮用方式、品饮艺术都发生了巨大变化。瀹饮法的推行、散茶的兴盛不仅使得制茶技术迅速发展，同时茶叶品类不断丰富，泡茶器具不断革新，饮茶之风渗入各个阶层，明代的文人雅士，继承了唐宋以来注重饮茶的传统，爱茶嗜茶，组织茶会，编写茶书，积极参与茶事活动，茶成为曲艺、小说、绘画、书法等艺术创作中的主题，园林美学的发展进一步精进了对品饮环境的追求，茶具有了更丰富的文化内涵，在返璞归真的时代审美影响下，开创出清新淡雅、自由简约的时代新风尚。高启在《烹茶》一诗中描绘了“活火新泉自试烹，竹窗清夜做松声”的怡然画面；程敏政《冬夜烧笋供茶教子弟联句》描摹了“坐拥寒炉夜气清，烹茶烧笋散闲情”的闲适意境；邵宝在《次王郡公煎茶行》一诗中表达了自己对茶之清德的感悟：“一清如水比泉德，余兴却慕茶仙风。”

明代中国文人山水画尤为兴盛，茶画中反映出的往往是茶与山水相结合，带有空灵清秀、崇尚自然的韵味，其中最具代表性、产量最高的就是

"吴中四才子"中的唐寅和文徵明。唐寅的代表茶画《事茗图》，画中的茶舍位于参天古松下，其后远山如黛，巨岩峥嵘，飞瀑直下，溪流淙淙，侧室一人正在煮茗烹茶，正室则有一人面对壶具，若有所待。屋外流水小桥上有一老翁倚杖缓行，抱琴侍童紧随其后，正应邀前来品茗聚谈。画面向我们描绘了文人在山中小舍内调琴品茗、知己聚谈的生活场景。文徵明的《品茶图》，画面中有一草堂，环境幽雅，小桥流水，苍松高耸，堂舍轩敞，几榻明净。堂内二人对坐品茗清谈，从跋文可知正是作者和友人陆子傅。几上置书卷、笔砚、茶壶、茗盏等。茶寮内泥炉砂壶，炉火正炽，童子身后几案上摆有茶罐及茗盏。堂外一人，正过桥向草堂行来。此画描摹的是超脱世外，追求清雅的明代文人雅集活动。

盛世兴茶，品茗寻韵，人在茶中，茶在诗画里！

目录

唐　五代

宋

元

明

清

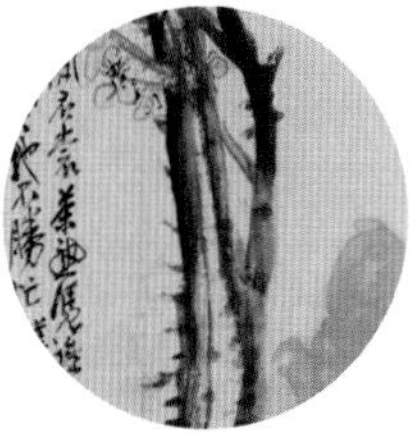

民国

唐五代

萧翼赚兰亭图

唐
阎立本

《萧翼赚兰亭图》为唐代画家阎立本(601—673年)创作的绘画,描绘的是萧翼从辩才和尚手中骗取王羲之《兰亭序》的故事,原本已佚。阎立本是唐朝时期的宰相、画家。《萧翼赚兰亭图》存世有多种版本,关于其年代及作者问题一直争议不断。有辽宁省博物馆北宋版本、

萧翼赚兰亭图
南宋　佚名
台北故宫博物院藏
绢本
设色
纵 28 厘米
横 65 厘米

台北故宫博物院南宋版本、北京故宫博物院南宋版本、美国弗利尔美术馆钱选版本等。该图记录了唐人以茶待客的史实，再现了唐代烹茶、饮茶所用的茶器、茶具以及烹茶方法。

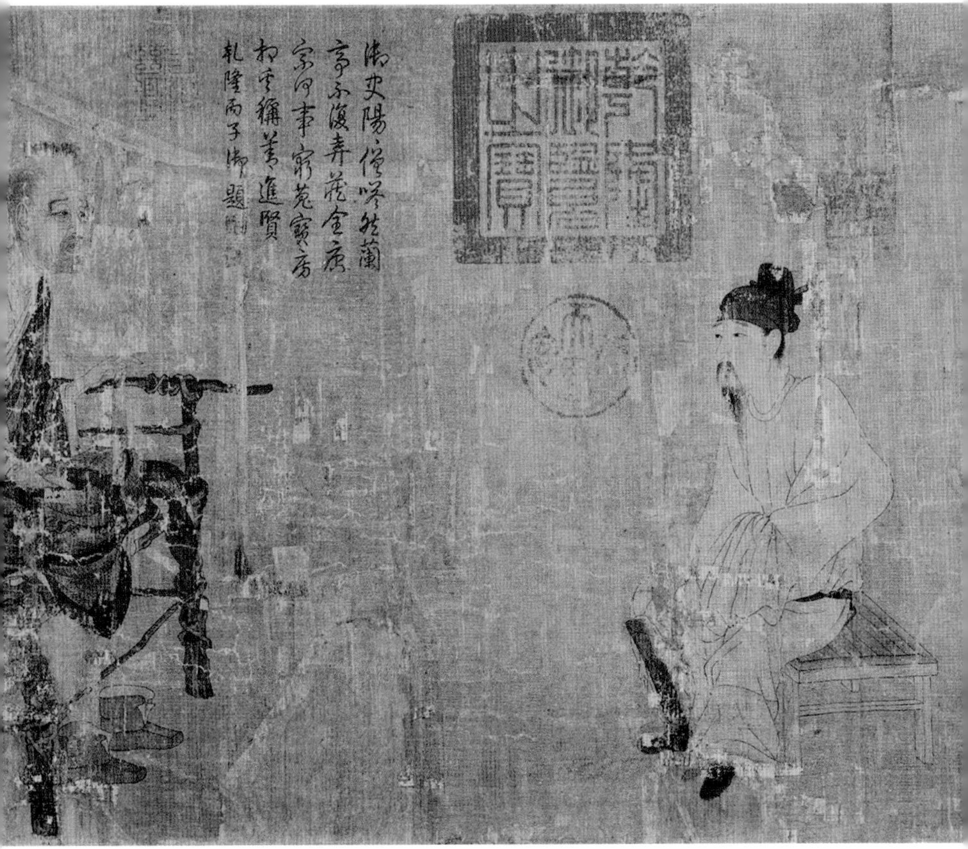

萧翼赚兰亭图
北宋　佚名
辽宁省博物馆藏

绢本
浅设色
纵 26.5 厘米
横 75.7 厘米

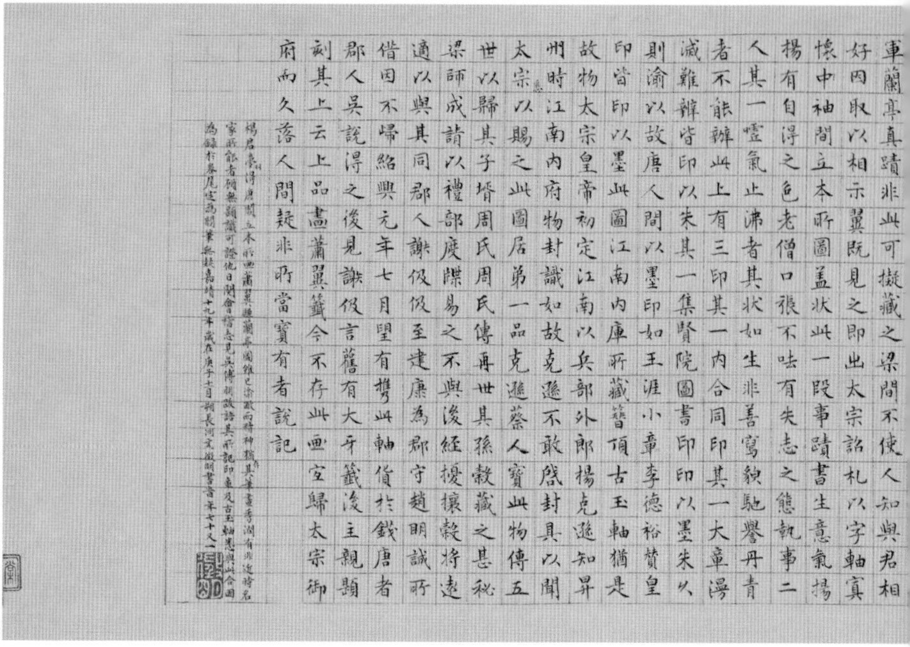

萧翼赚兰亭图

元　钱选

美国弗利尔美术馆藏

纸本

设色

纵 28 厘米

横 158 厘米

宫乐图

唐
佚名

画面中央是一张大方桌，后宫嫔妃、侍女十余人围坐或侍立于方桌四周，团扇轻摇，品茗听乐，仪态悠然，反映唐代宫廷女眷们煎茶赏乐的休闲时光。唐代茶汤的饮用与平日里喝汤无异，先用大型容器盛装，再分舀到茶盏里饮用。就像这幅画中展示的一样。画幅原本很可能是一幅小型屏风画，后来被改装成今日所见的挂轴形式。这一时

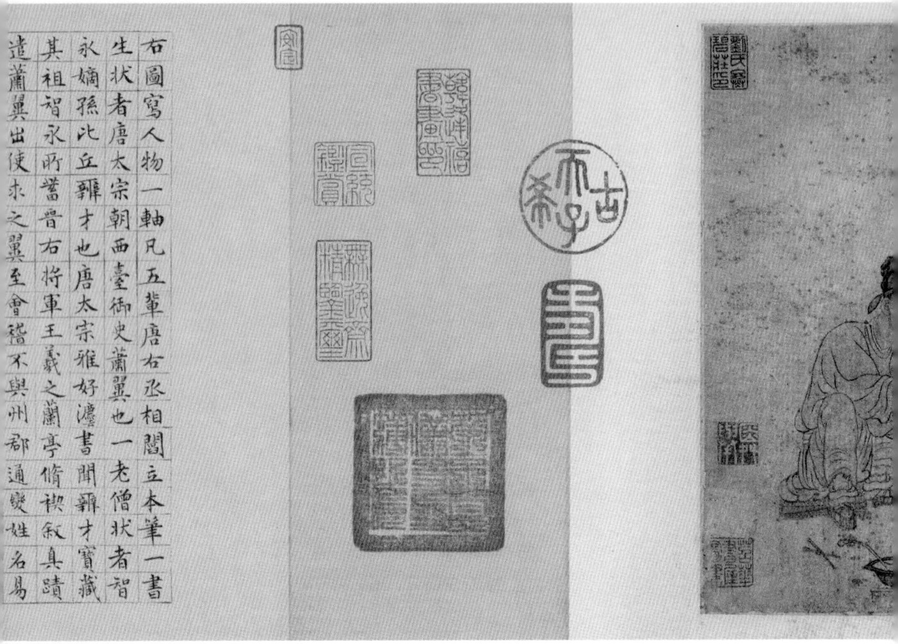
右圖寫人物一軸凡五輩唐右丞相閻立本筆一書
生狀者唐太宗朝西臺御史蕭翼也一老僧狀者智
永嫡孫比丘辯才也唐太宗雅好灋書聞辯才寶藏
其祖智永所蓄晉右将軍王羲之蘭亭脩禊敘真蹟
遣蕭翼出使求之翼至會稽不與州郡通變姓名易

宫乐图
唐 佚名
台北故宫博物院藏
绢本
设色
纵 48.7 厘米
横 69.5 厘米

期的饮茶方式主要是喝茶汤。茶叶经过蒸熟、捣碎、焙烤制成茶饼后，与米、姜、盐、陈皮、香料、生奶等一同煎煮，制成茶汤。煮水分三个阶段：一沸加盐，二沸加茶，三沸倒入一勺冷水。

明皇合乐图

唐
张萱

张萱（生卒年不详），京兆（今陕西西安）人。唐玄宗开元十一年(723年）成为宫廷画师。以擅绘仕女、婴儿、鞍马而称甲于时。画中的唐明皇卧于御榻，旁侧宫女手捧茶食、茶具，茶盘中留有水珠，故有人认为此画反映了唐代早期使用散茶冲泡的“庵茶法”。

明皇合乐图

唐　张萱

台北故宫博物院藏

册页

纵 29.5 厘米

横 50 厘米

调琴啜茗图

唐
周昉

周昉（生卒年不详），字仲朗、景玄，京兆（今陕西西安）人。唐代画家，出身于官宦之家，曾任越州、宣州长史。擅绘佛道图像，因创制具典雅华丽特色的“水月观音”而被称为“周家样”。亦工人物肖像和仕女画，以画风写实、形神兼备而令世人瞩目。周昉和张萱是盛、中唐杰出的人物画家，无论是从绘画技巧，还是从题材内容都可以看出前后继承关系，周昉仕女画初效张萱，后则小异，颇具风姿。

该画以工笔白描的手法，细致描绘了唐代宫廷女子品茗调琴的场景，是唐代贵族妇女饮茶风尚的真实写照。

调琴啜茗图

唐 周昉

美国纳尔逊艺术博物馆藏

绢本

设色

纵 28 厘米

横 75.3 厘米

演乐图

唐　周昉

台北故宫博物院藏

绢本

设色

纵165.6厘米

横84.4厘米

演乐图

唐
周昉

作品绘出了文人雅士聚会的场景，庭院环境优雅，柏树高大苍翠。五位文士围坐桌前侃侃而谈，两位女眷持茶交谈，一位仕女执琴，另一位仕女沏茶，一名侍童正整理椅子上的垫子，人物表情各异，但皆惟妙惟肖。

弈棋仕女图

唐
佚名

1972 年，吐鲁番阿斯塔那 187 号墓出土了一件破碎的绢画，该画缺失严重，画面以弈棋贵妇为中心人物，弈棋的另一仕女已缺失。图中持棋的贵妇神情专注于面前摆放的棋盘，还有其余近 10 位侍婢、儿童等，描绘了贵族妇女生活场景，其中，有一位奉茶侍女身穿男式长袍，仪态安闲，双手托盏，小心翼翼，为弈棋的主人进茶。

弈棋仕女图

唐　佚名

新疆维吾尔自治区博物馆藏

绢本

设色

纵 63 厘米

横 54 厘米

高逸图

唐
孙位

孙位（生卒年不详），唐末书画家，初名位，后改名遇。此图为《竹林七贤图》残卷，图中只剩四贤，自右而左分别为王戎、刘伶、山涛和阮籍，身旁有侍者。四贤席地而坐，或弹琴，或品茶，怡然自得。这幅图是孙位的唯一存世作品，笔法紧劲连绵，设色精妙。

高逸图
唐 孙位
上海博物馆藏

绢本
设色
纵 45.2 厘米
横 168.7 厘米

韩熙载夜宴图

五代
顾闳中

《韩熙载夜宴图》是顾闳中奉诏而画。据载，周文矩也曾作《韩熙载夜宴图》，元代时两者尚在，今仅存顾本。《韩熙载夜宴图》不仅是中国传世十大名画之一，更是具有代表性的茶画。这幅画记载了官员韩熙载在家中设宴的场景，一共分为五段，分别是琵琶演奏、观舞、宴间休息、清吹、欢送宾客，通过一场完整的夜宴过程，可以看到五代十国时的茶杯、茶几等，当时的人们对饮茶环境是十分重视的，既讲究优雅清幽，又要有些欢快气氛。魏晋南北朝时期，茶饮已被一些

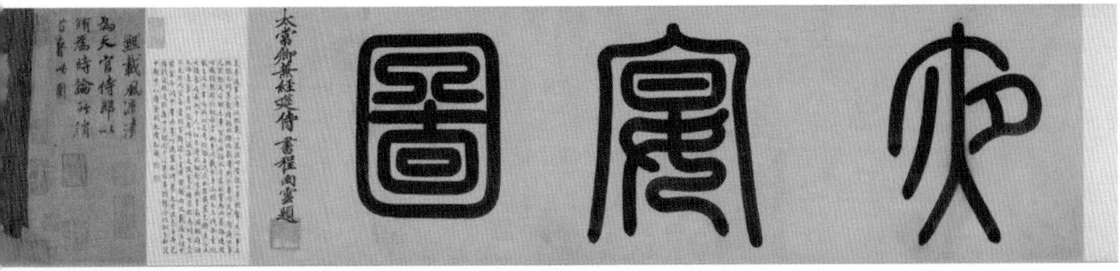

韩熙载夜宴图（局部）
五代 顾闳中（宋摹本）
故宫博物院藏
绢本
设色
纵 28.7 厘米
横 335.5 厘米

王公显贵和文人雅士看做是高雅的精神享受和表达志向的手段，并开始与宗教思想结合起来。虽说这一阶段还是茶文化的萌芽期，但已显示出其独特的魅力。但现存的这一版本据各方面考证，应为南宋孝宗至宁宗朝（1163—1224 年）摹本，其风格基本反映出原作面貌，且达到相当高的水平。

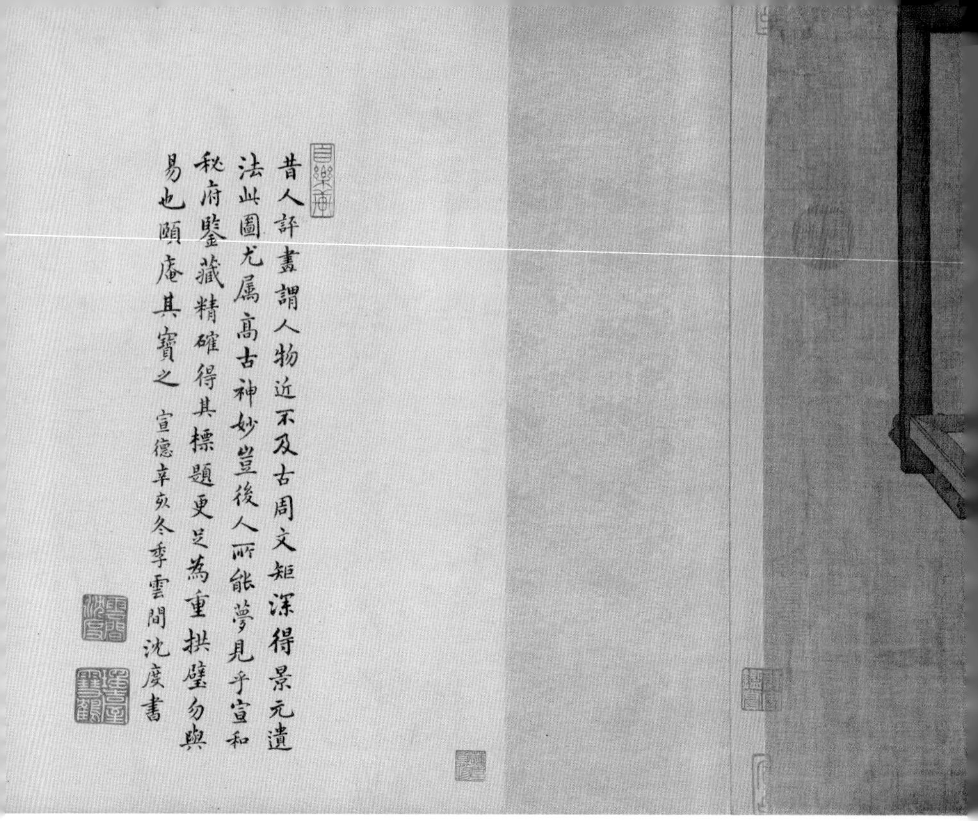

重屏会棋图

五代
周文矩

周文矩（约 907—975 年），句容（今江苏句容）人。在五代南唐开国时期已奉命作画，至后主李煜时任画院翰林待诏。《重屏会棋图》目前有两个版本，宋代摹本藏于北京故宫博物院，另一件明清摹本收藏在美国弗利尔美术馆。前辈学者和鉴定家们一般认为故宫版本画得更好。作品绘出五代南唐中主李璟和三个弟弟一起下棋的情景，他们身后有一屏风画，形成“屏中有屏、画中有画”的形式，很多学者认

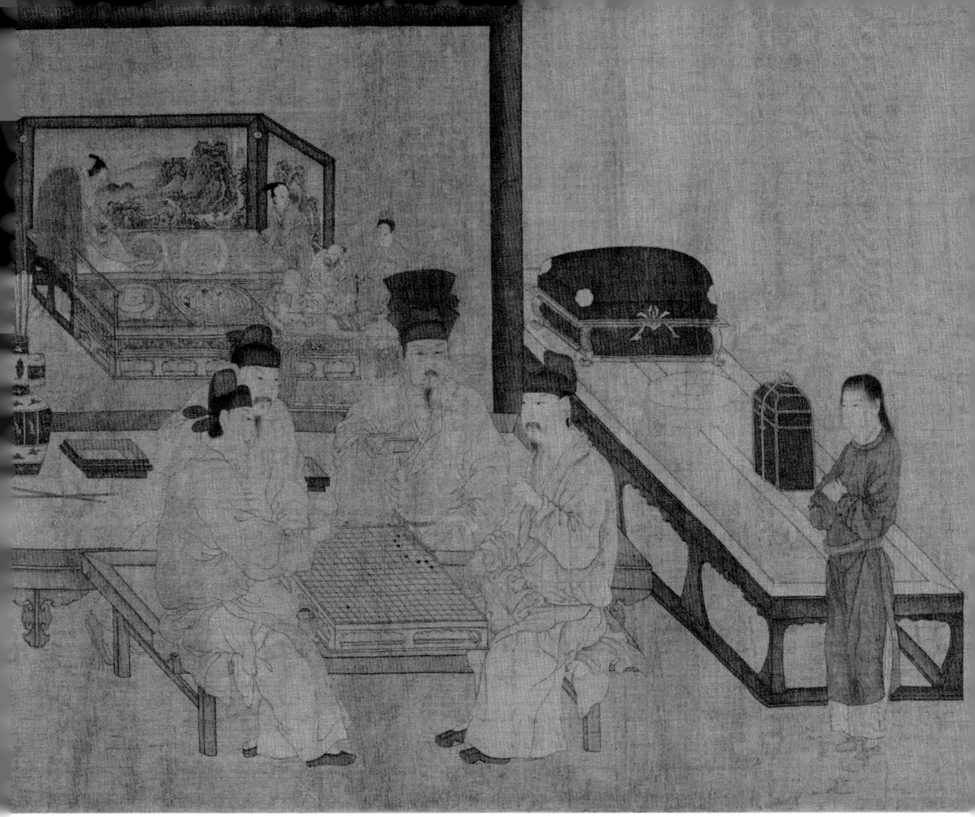

重屏会棋图
五代 周文矩
故宫博物院藏

绢本
设色
纵 40.3 厘米
横 70.5 厘米

为重屏上画的是唐代白居易《偶眠》，认为在暗示李璟想要像白居易一样卸下乌纱帽，过上淡泊平静的生活。作者在逼真地刻画出人物肖像特征的同时，也真实地描绘出室内的生活用具，如投壶、屏风、围棋、箱箧、榻几、茶具等，为后人研究五代时期各种生活器用的形制以及中国早期皇室的行乐雅集活动提供了重要的形象资料。

文会图
五代十国 丘文播
台北故宫博物院藏

绢本
设色
纵 84.9 厘米
横 49.6 厘米

文会图

五代十国
丘文播

丘文播，又名潜，广汉（今四川广汉）人。此图为高士夏日聚会的情景。本画取自《勘书图》中段，在松石旁，画中四人坐胡床，或展卷阅读，或持笔书写，旁有男女侍者持几、捧茶随侍。

诗画里的中国茶

茗生此中石，玉泉流不歇。根柯洒芳津，采服润肌骨。

唐　李白《答族侄僧中孚赠玉泉仙人掌茶》

诗画里的中国茶

一饮涤昏寐，情来朗爽满天地。
再饮清我神，忽如飞雨洒轻尘。
三饮便得道，何须苦心破烦恼。

唐　皎然《饮茶歌诮崔石使君》

诗画里的中国茶

落日平台上，春风啜茗时。

唐　杜甫《重过何氏五首（之三）》

诗画里的中国茶

洁性不可污，为饮涤尘烦。此物信灵味，本自出山原。

唐　韦应物《喜园中茶生》

诗画里的中国茶

流华净肌骨，疏瀹涤心原。

唐　颜真卿等《五言月夜啜茶联句》

诗画里的中国茶

素瓷传静夜，芳气满闲轩。

唐　颜真卿等《五言月夜啜茶联句》

诗画
里的
中国茶

采茶非采菉，远远上层崖。布叶春风暖，盈筐白日斜。

唐　皇甫冉《送陆鸿渐栖霞寺采茶》

诗画里的中国茶

千峰待逋客，香茗复丛生。采摘知深处，烟霞羡独行。

唐 皇甫曾《送陆鸿渐山人采茶回》

宋

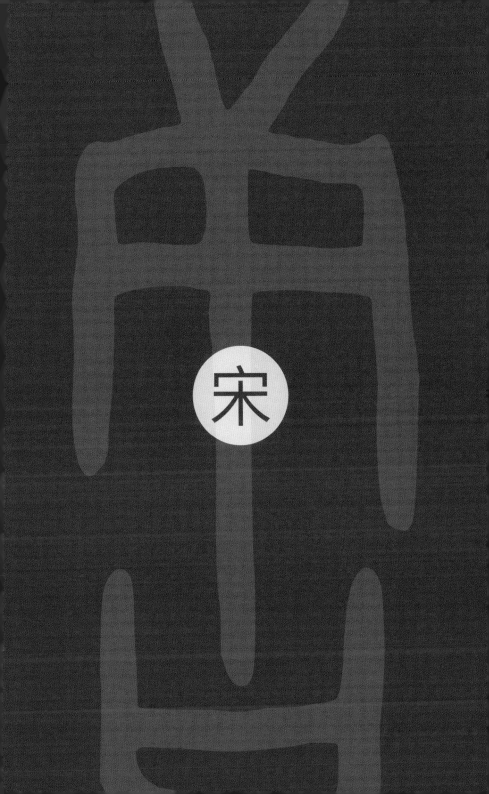

清明上河图

北宋
张择端

张择端（生卒年不详），字正道，东武（今山东诸城）人。幼时读书游学于京师，后习绘事，工界画。作品描绘的是清明时节北宋都城汴京（今河南开封）东角子门内外和汴河两岸的繁华热闹景象。作者用传统的手卷形式，采用鸟瞰式全景法，集中再现了 12 世纪北宋全

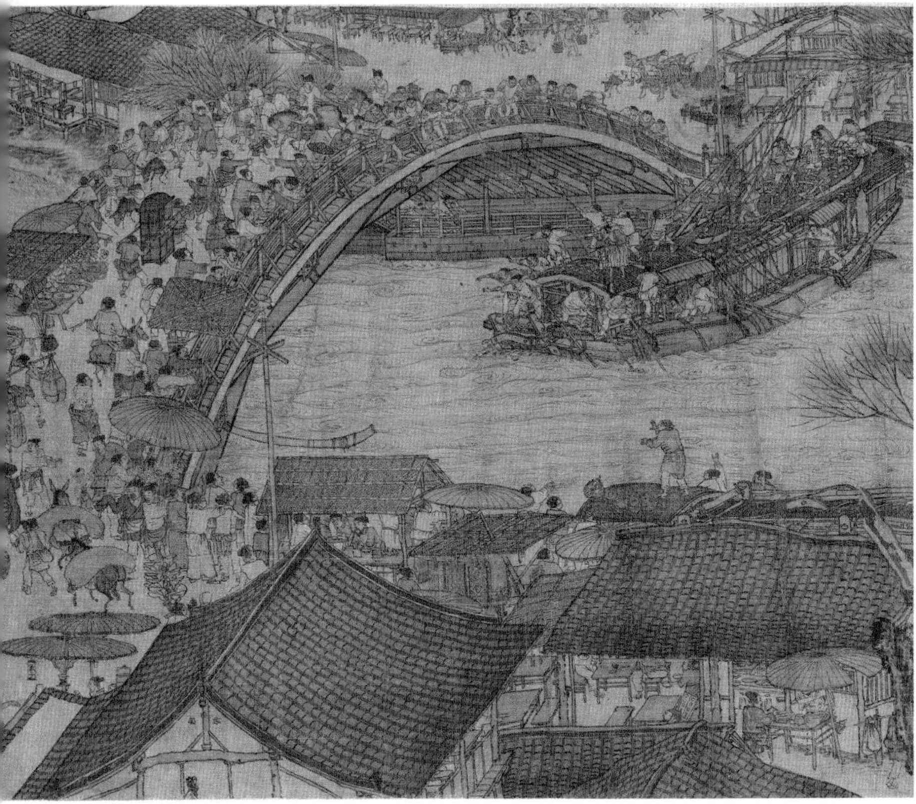

清明上河图（局部）
北宋 张择端
故宫博物院藏
绢本
淡设色
纵 24.8 厘米
横 528 厘米

盛时期汴京的生活面貌。临近都城汴京，有一座巨大的拱桥横跨两岸，桥的南端屋宇错落，在临河的茶馆，赶集的人们或饮茶歇息，或席间闲谈，或凭窗眺望。为后人研究宋代茶文化提供了一份形象化的材料。

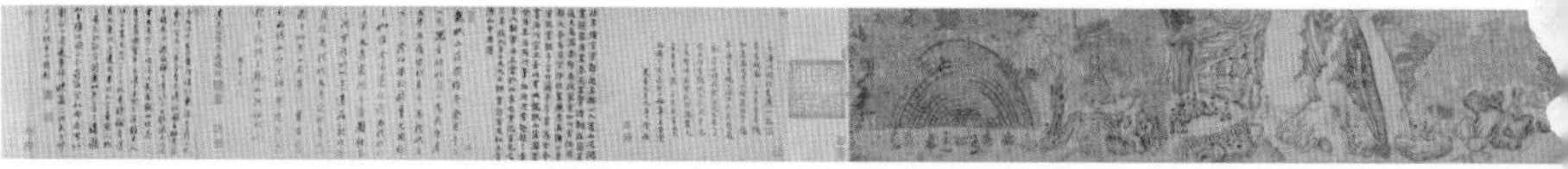

龙眠山庄图

北宋
李公麟

李公麟（1049—1106年），字伯时，舒州舒城（今属安徽）人。他发展了不用彩色，单纯以线条勾勒塑造形象的白描形式，风格典雅，别具一格，是自吴道子以后影响最大的人物鞍马画家。作品绘于熙宁

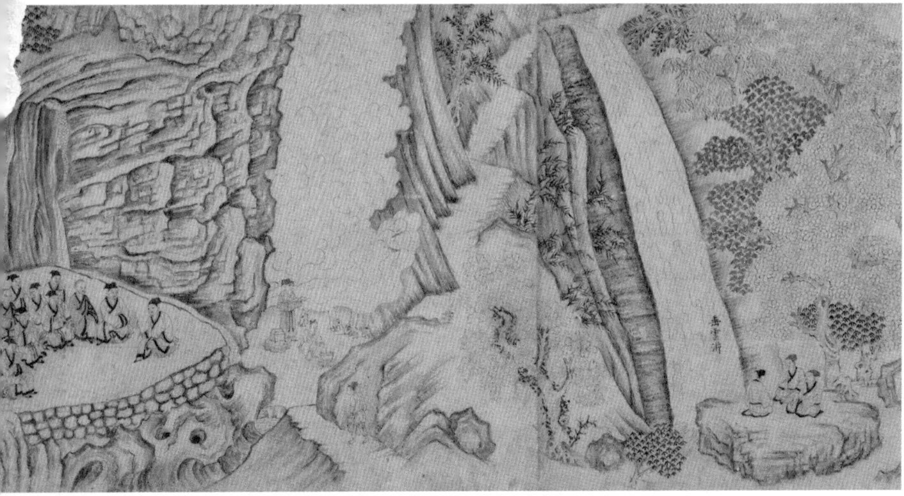

龙眠山庄图
北宋 李公麟
台北故宫博物院藏

纸本
水墨
纵 28.9 厘米
横 364.6 厘米

十年(1077 年)。全卷白描，笔墨质朴，又有几何化山水造型，为李公麟的造景创意所在。描绘作者与文人、僧侣众人游于龙眠山，谈书论道、品茗雅集的野外点茶情景。画上的方形茶炉、茶盏、茶托和方形都篮都是宋代常见的形制。

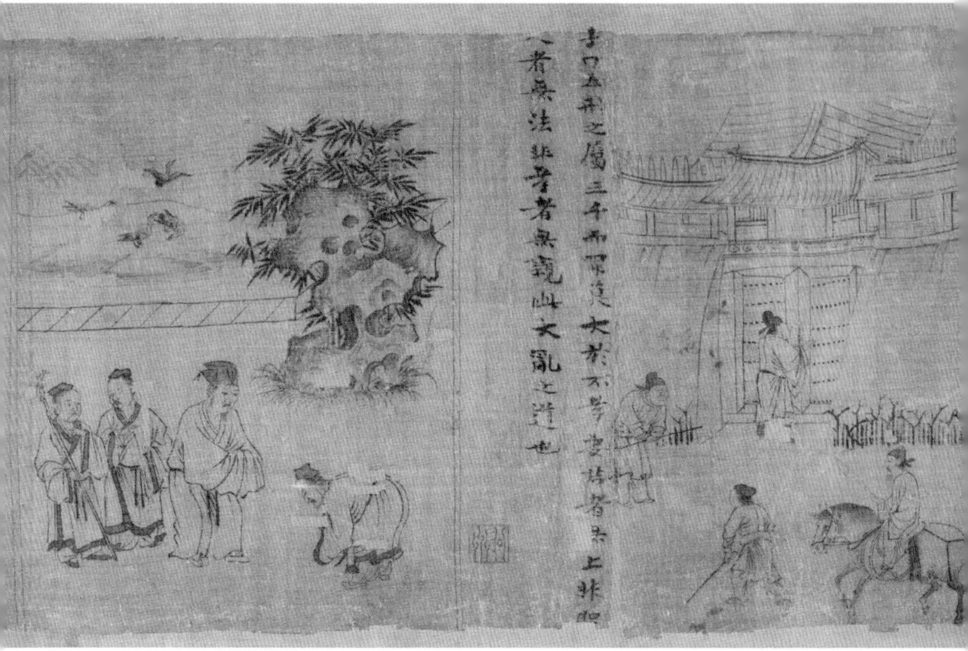

孝经图

北宋
李公麟

本图是以《孝经》十八章绘制成的画卷，每章一图，图后书写该章文字，图文并茂，现仅存十五章，已丢失三章。图画风格典雅古朴，线描直追魏晋，从容而优美，人物形象亦生动传神。可以看到孝子为父母双亲奉茶、前设乐舞哄其开心的情节。体现了孝子之事亲也，居则致其敬，养则致其乐。

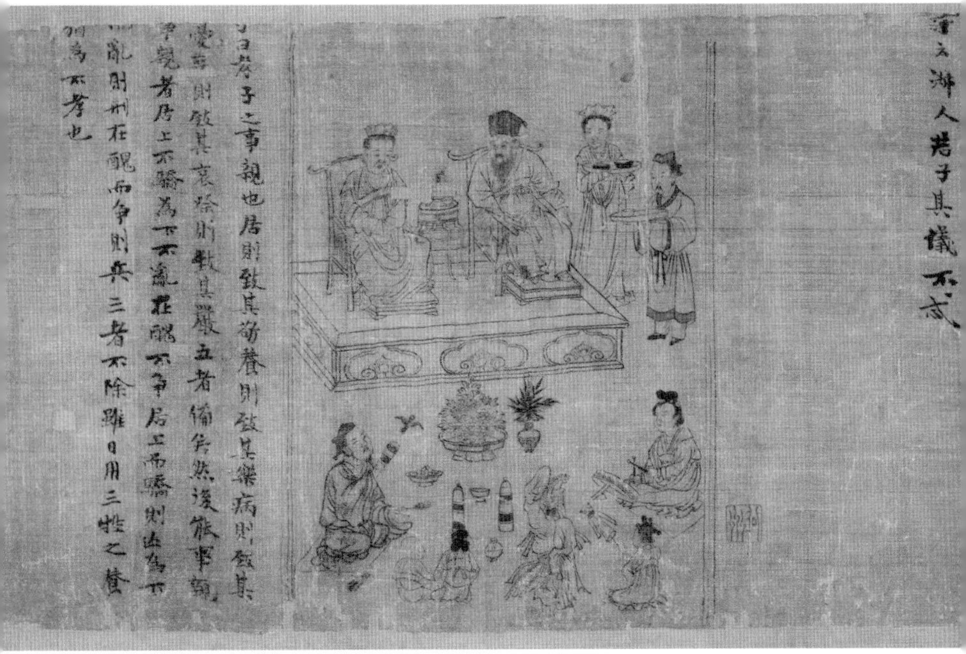

孝经图（局部）
北宋　李公麟
美国大都会艺术博物馆
绢本
水墨
纵 21.9 厘米
横 475.6 厘米

文会图
北宋　赵佶
台北故宫博物院藏

绢本
设色
立轴
纵 184.4 厘米
横 123.9 厘米

文会图

北宋
赵佶

赵佶（1082—1135 年），即宋徽宗，著名书画家。在位时广收历代文物、书画，亲自主持翰林图画院，能书擅画，自创书法“瘦金体”。此图描绘宋代文人雅集的盛大场面，庭院中设一大方桌，文士环桌而坐，桌上有各种精美茶具、酒皿和水果，九文士围坐桌旁，神态各异。有三童子备茶：其中一人于茶桌旁，左手持黑漆茶托，上托建窑茶盏，右手执匙，正从罐内舀茶末，准备点茶；另一童子则侧立于茶炉旁，炉火正炽，上置两个茶瓶，茶炉前方另置都篮等茶器，都篮分上下两层，内藏茶盏等。此图是目前展示宋代茶器最多的画作。

儒林華國古今同
吟詠飛毫醒醉中
多士作新知入彀
畫圖猶喜見文雄
臣京謹依
韻和進
明時不與有唐同
八表人歸大道中
可笑當年十八士

唐十八学士图

北宋
赵佶

李世民为广纳贤能，于秦王府文学馆中选出十八位学士作画，自唐代画家阎立本绘制《十八学士图》后，历代画家争相仿效，“十八学士”这一主题与“西园雅”“竹林七贤”等成为文人雅集绘画的经典样式。这幅画活动主题以戏马、赋诗、宴饮、奏乐等为主。图中侍童烹茶的情景，无论人物的动态或茶器的摆设，与其作《文会图》很相近。但也有不同，如仔细观察，会发现这幅图中几上及侍者手持黑漆茶托上放置的是“建窑兔毫紫盏”，宋代茶汤以白色为贵，茶盏以黑色为佳，黑白互为衬托的视觉效果才能满足宋人的美学要求，同时其胎体敦厚，保温效果好，能够满足美学和实用的双向需求。

唐十八学士图

北宋 赵佶

台北故宫博物院藏

绢本

设色

纵 29.4 厘米

横 519 厘米

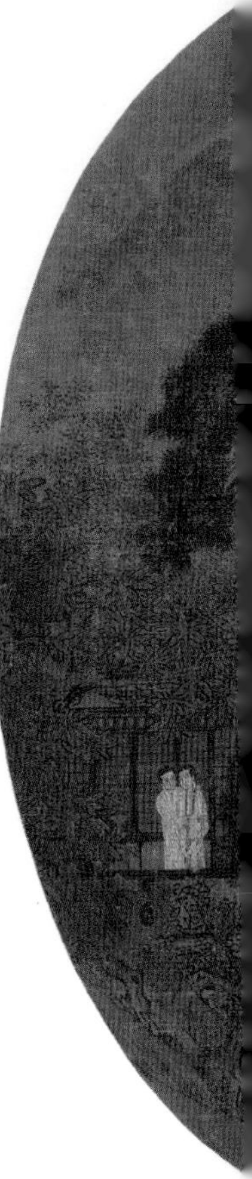

风檐展卷
北宋 赵伯骕
台北故宫博物院藏
绢本
设色
纵 24.9 厘米
横 26.7 厘米

风檐展卷

北宋
赵伯骕

赵伯骕（1124—1182 年），字希远，官至和州防御史，擅长绘青绿山水，出自唐代李思训的传派并自成一体。画中苍松翠竹，湖石点缀其间。敞轩内一文士坐在几榻上，仪态悠闲，仕女二人（左侧）凭轩而立。庭前曲栏，两位侍童正在交谈，白衣侍童手执茶盘，上置黑漆茶托、茗瓯以及茶瓶，朝向屋内行来。点茶、挂画、插花、焚香为宋代文人生活“四艺”，皆于此画中呈现无遗。

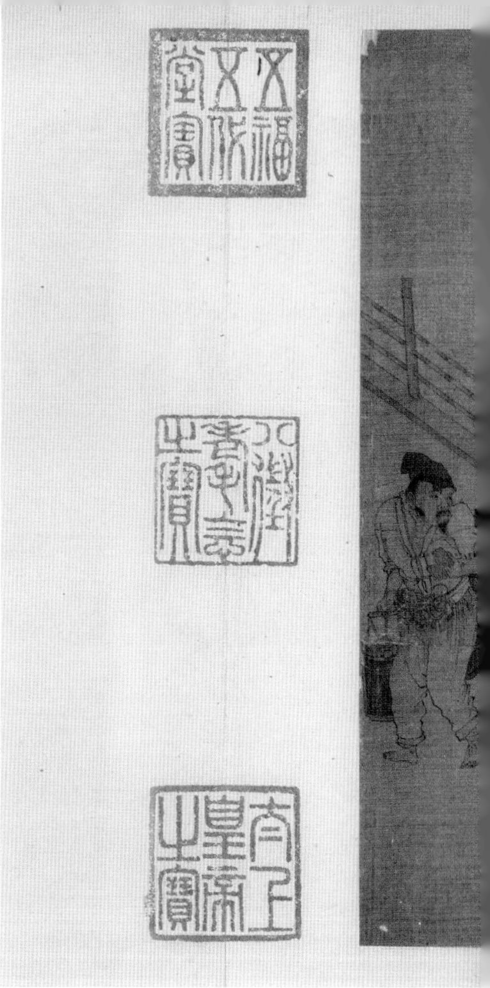

茗园赌市图

南宋
刘松年

刘松年（活跃于1170—1224年），南宋画家，钱塘（今浙江省杭州）人，居清波门，俗称“暗门”，因有“暗门刘”之称。宋淳熙年间（1174—1189年）为画院学生，其师张敦礼是李唐的学生，故画风与李唐一脉相承，其画作有“院人中绝品”之名。

茗园赌市图
南宋　刘松年
台北故宫博物院藏
册页
绢本
浅设色
纵 27.2 厘米
横 25.7 厘米

画中人物共八位，主角是画面偏左侧的四位茶贩，他们或伫立，或提壶斟茶，或举盏啜茗，或仔细回味；左旁一老者拎壶路过，右旁一茶贩挑担卖“上等江茶”，皆驻足观“斗茶”。画面最右侧有一妇人拎壶并牵一孩童边看边走，真实地记录了南宋茶市的样貌。

撵茶图
南宋　刘松年
台北故宫博物院藏

绢本
淡设色
纵 44.2 厘米
横 61.9 厘米

撵茶图

南宋
刘松年

　　此画为工笔画法，描绘的场景为小型文人雅集，也描绘了宋代从磨茶到烹点的过程和场面。画左侧两人，一人跨坐凳上磨茶，桌上有茶罗、茶盒等；另一人伫立桌边，提着汤瓶点茶，桌子左侧地上放着

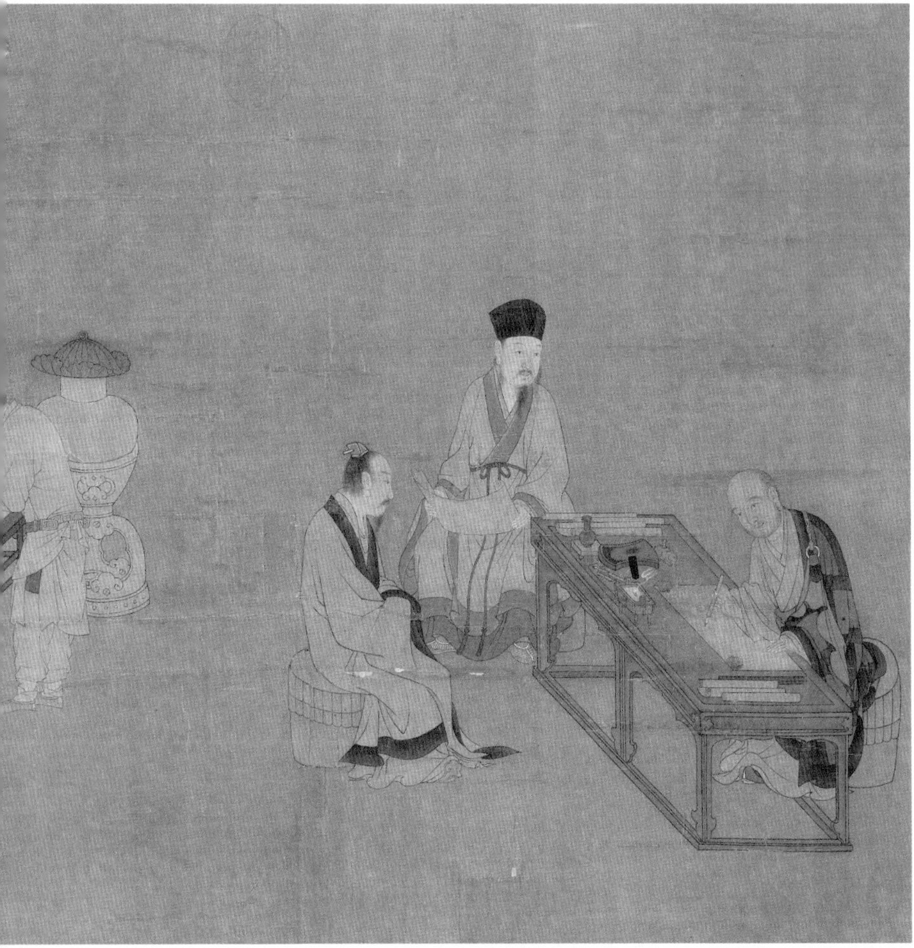

煮水的炉、壶，桌上有茶巾，右手边立一大瓮；桌上放置茶筅、青瓷茶盏、朱漆盏托、玳瑁茶末盒、水盂等茶器。画中一切显得安静有序，反映出宋代茶事的精细和奢华。

春宴图

南宋
佚名

宋代曾纡为该画题跋，画卷场面宏大，绘房玄龄、杜如晦等十八学士集会宴饮的场景，人物姿态各异，构图繁而不乱。有凭栏观鹅者，有醉态百出者，有弹琴奏乐者，有围案宴饮者，有手舞足蹈者，有提笔挥毫者，其间有童仆备茶，令人如临其境。宋人宴会内容丰富，但器皿朴素，食物简单，没有其他奢华物品，一众好友围桌而坐，共享时光。

春宴图
南宋　佚名
故宫博物院藏
绢本
设色
纵 23 厘米
横 573 厘米

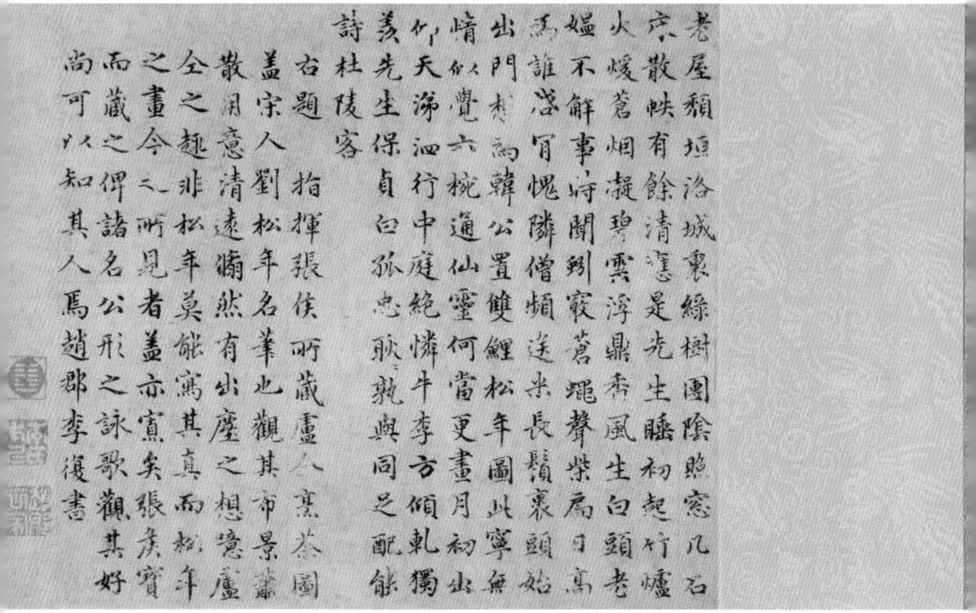

老屋頹垣洛城裏綠樹團陰照窗几石
亦散帙有餘清逸是先生睡初起竹爐
火煖蒼烟凝碧雲浮鼎香風生白頭老
媼不解事詩聞剝啄蒼蠅聲紫扃日高
爲誰落肎愧隣僧頻送來長鬚裹頭始
出門走爲韓公置雙鯉松年圖此寧無
情似覺六桃通仙靈何當更畫月初出
竹天涕泗行中庭絕憐牛李方傾軋獨
羨先生保貞白孤忠耿耿孰與同足配能
詩杜陵客

右題指揮張侯所藏盧仝烹茶圖
蓋宋人劉松年名筆也觀其布景蕭
散用意清遠翛然有出塵之想噫盧
仝之趣非松年莫能寫其真而松年
之畫今之所見者蓋亦寡矣張侯寶
而藏之俾諸名公形之詠歌觀其好
尚可以知其人焉趙郡李復書

卢仝煮茶图

南宋
刘松年

卢仝（约 795—835 年），号玉川子，唐代诗人，被誉为“茶仙”。画中绘山石瘦削，有松槐生石罅，松竹掩映下，一处老屋颓垣，屋内卢仝坐于榻上，其目光望向窗外，屋外侍童正走向溯边，准备取水。这是文人雅士隐居山林、返璞归真的真实写照。

卢仝煮茶图
南宋　刘松年
故宫博物院藏

绢本
设色
纵 24.1 厘米
横 44.7 厘米

斗浆图
南宋　佚名
黑龙江省博物馆藏
绢本
纵 40 厘米
横 34.1 厘米

斗浆图

南宋
佚名

此画原为清初书画收藏家张则之的藏品。宋代以前，饮茶是流行于文人士大夫中的风尚，到了宋代则成为普通人家不可缺少的待客饮品。“斗浆”即“斗茶”，又称“茗战”或“点茶”，指以竞赛方式比较

茶叶质量和品茶技艺高低的一种活动。斗茶最早出现在唐代，至宋代，斗茶活动已十分兴盛，几乎各个阶层都喜好斗茶。作品以花青、赭石、藤黄为主要色彩，所描绘的是市井一隅，但其反映出的宋代社会风俗，由此我们可以窥见当时社会生活的繁荣景象。

品泉图

南宋
佚名

图绘高山流水之间，一位高士坐于石台上，摇扇等待品茗，身旁有三位童仆，一位站在高士一旁，一位正在为高士送茶，一位正在烧火煮茶。此画用笔动荡，疏密有致，草木苍翠，山峰峻秀，繁复且精妙。清代画家金运标也创作了一幅《品泉图》。

品泉图
南宋　佚名
台北故宫博物院藏
绢本
设色
纵 27.5 厘米
横 57.4 厘米

饮茶图

南宋
佚名

图中绘主仆四人，一侍女双手捧茶盘，一妇人伸手正在盘中摆弄茶具。右边一贵妇面向她们站立，仪态端庄娴静，后随侍女双手捧一锦盒。画风承唐代周昉，旧题南唐周文矩画，专家们鉴定认为是宋人所作。

饮茶图

南宋　佚名

美国弗利尔美术馆藏

绢本

设色

纵 23.2 厘米

横 25.1 厘米

诗画里的中国茶

世间绝品人难识，闲对茶经忆古人。

北宋　林逋《茶》

诗画里的中国茶

稽山新茗绿如烟，静挈都蓝煮惠泉。

北宋　晏殊《煮茶》

诗画里的中国茶

夜啜晓吟俱绝品，心源何处著尘埃。

北宋　宋庠《谢答吴侍郎惠茶二绝句》

诗画里的中国茶

色斗琼瑶因地胜，香殊兰茝得天真。

北宋　石待举《谢梵才惠茶》

诗画里的中国茶

故人气味茶样清，故人风骨茶样明。

南宋　杨万里《谢木韫之舍人分送讲筵赐茶》

诗画里的中国茶

小石冷泉留早味，紫泥新品泛春华。

北宋　梅尧臣《依韵和杜相公谢蔡君谟寄茶》

诗画里的中国茶

西江水清江石老，石上生茶如凤爪。

北宋　欧阳修《双井茶》

诗画里的中国茶

戏作小诗君一笑，从来佳茗似佳人。

北宋 苏轼《次韵曹辅寄壑源试焙新芽》

元

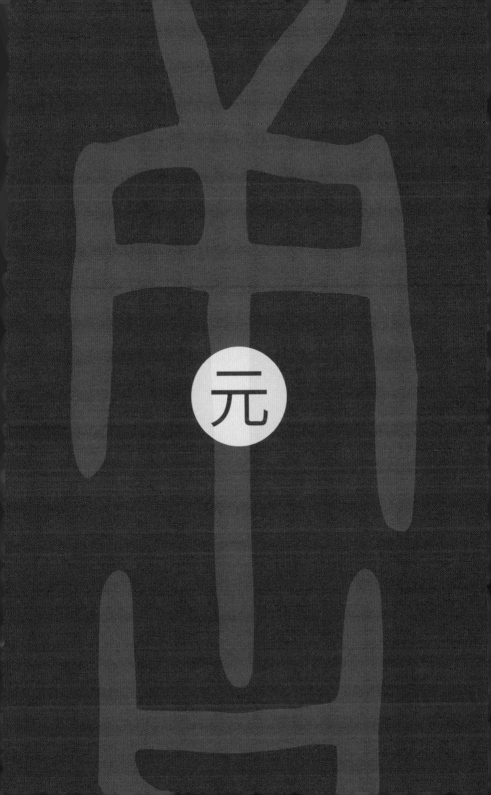

卢仝煮茶图
元 钱选
台北故宫博物院藏
纸本
设色
横 37.3 厘米
纵 128.7 厘米

卢仝煮茶图

元
钱选

钱选（生卒不详），字舜举，号玉潭、清癯老人、巽峰，晚年更号溪翁，吴兴（今浙江省湖州市）人。南宋景定（1260—1264 年）年间的进士，入元不仕，遂寄情山水，流连诗酒，隐于绘事元初，与赵孟頫、王子中、姚式等人并称“吴兴八俊”。

此画设色明艳，线条细匀、柔和，画工精巧。图中卢仝头戴纱帽，身着白衣，在芭蕉树和太湖石旁席地而坐，正在指点赤脚女婢和长须仆从烹茶。画上半部有清乾隆皇帝题诗：“纱帽笼头却白衣，绿天消夏汗无挥。刘图牟仿事权置，孟赠卢烹韵庶几。 卷易帧斯奚不可，诗传画亦岂为非。隐而狂者应无祸，何宿王涯自惹讥。”

元

斗茶图
元　赵孟頫
台北故宫博物院藏

绢本
设色
纵 52 厘米
横 32 厘米

斗茶图

元
赵孟頫

赵孟頫（1254—1322 年），字子昂，号松雪、水精宫道人，吴兴（今浙江省湖州市）人，画家、书法家。历任翰林侍读学士、荣禄大夫等职，他诗文音律无所不通，书画造诣极高，倡导师法古人，强调“书画同源”。

这是一幅充满生活气息的风俗画。画面上有四人，身边放着几副盛有茶具的茶担。左前一人，足穿草鞋，一手持茶杯，一手提茶桶，袒胸露臂，似在夸耀自己的茶味香美；身后一人双袖卷起，一手持杯，一手提壶，正将茶水注入杯中；右侧站立两人，双目凝视对面的人，似在倾听对方介绍茶的特色，并思考如何回击。画中人物生动，布局严谨。人物像走街串巷的货郎，说明当时斗茶习俗已深入民间。

元趙孟頫鬥茶圖

百尺梧桐图

元
赵孟頫

作品左侧有数株高大的梧桐树，并间以桂树，梧桐的枝叶繁茂，几乎遮蔽了堂顶。庭前一童侍抱琴右进，左侧另一童侍双手捧盏前来奉茶，堂中一人坐在椅上望向左侧，似乎在等待品茶，描绘出一幅闲适的园居生活。

百尺梧桐图

元　赵孟頫

上海博物馆藏

绢本

青绿设色

纵 29.5 厘米

横 59.7 厘米

煮茶图
元 王蒙
私人藏
纸本
水墨
横 46 厘米
纵 99 厘米

煮茶图

元
王蒙

王蒙（1308—1385 年），字叔明，号黄鹤山樵、香光居士，吴兴（今浙江湖州）人。赵孟頫外孙。擅画山水，为“元四家”之一。元末弃官归隐，入明，曾任泰安知州，后因胡惟庸案牵连被捕，死于狱中。

此幅为王蒙晚年之作，所绘为其隐居时的山水。画面层峦叠嶂，树木郁郁葱葱，一茅屋内有三位高士围坐几案旁品茗论道。画面上部有数篇跋文。王蒙用牛毛皴皴擦山石，又杂以繁密的苔点，画风气势磅礴。

茶圖
黃鶴山中人王蒙為
惟允畫

陆羽烹茶图

元
赵原

赵原（约 1325—1374 年），字善长，号丹林，山东莒县人。擅诗文书画，工山水，远师董源，进法王蒙，擅用枯笔浓墨。朱元璋建立明朝之后因避讳由赵元改作赵原，后来被朱元璋杀害。

本画以陆羽烹茶为题材，山岩平缓，水面平静，茅屋简单质朴，屋内倚坐榻上者为陆羽，前有一童子焙炉烹茶。作者以草书自题“陆羽烹茶图”。上端有乾隆皇帝题诗：“古弁先生茅屋间，课僮煮茗霅云间。前溪不教浮烟艇，衡泌栖径绝住远。”

陆羽烹茶图
元 赵原
台北故宫博物院藏
纸本
设色
横 27 厘米
纵 78 厘米

综观此图，虽然主题是陆羽烹茶之事，但画家的关注点似乎不在于人物刻画及烹茶细节的描绘，而在于陆羽寄情山水。这大大有别于宋画中茶主题的表现，关注点由对茶本身的形态、品饮方法、审美转移到了茶之外的自然情怀，表现了社会文化及文人意趣的转变。

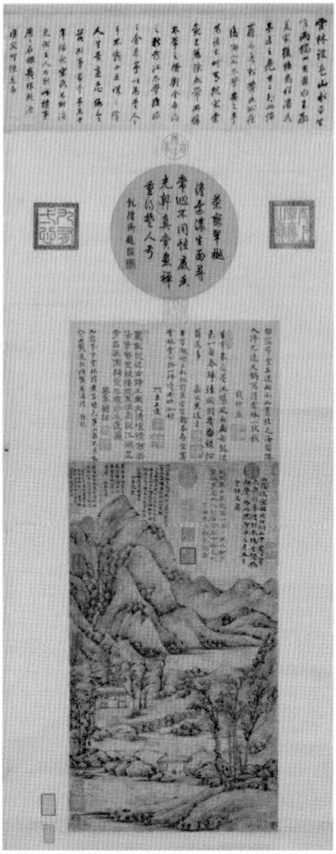

雨后空林图
元 倪瓒
台北故宫博物院藏
纸本
浅设色
纵 63.5 厘米
横 37.6 厘米

雨后空林图

元
倪瓒

倪瓒（1301—1374 年），字元镇，号幻霞子，别号云林子等，无锡（今属江苏省）人，“元四家”之一。家境富裕，工诗文，擅画山水、竹石，长于书法，谙熟音律。画风对明清文人水墨山水画影响颇大。

《雨后空林图》为倪瓒少有的设色作品。这幅浅设色山水，高山大川，景物丰富。画面右上部有倪瓒题跋。“雨后空林生白烟，山中处处有流泉。因寻陆羽幽栖去，独听钟声思惘然。”透露出倪瓒想寻找陆羽这样的知己来品茗遣怀的心情。

雨後空林生白烟山中處處有流泉因尋陸羽幽棲去獨聽鐘聲思惘然戊申三月五日
雲林生寫
但見龍山第幾峯一峯一回水如弓蒼林茅屋無人到猶有前時躑躅蹤
句曲張雨題吳叡書

消夏图

元
刘贯道

刘贯道（1258—1356 年），中山（今河北定州）人，擅长绘人物、山水、花鸟等，为全能画家。山水宗李成、郭熙，花鸟走兽集诸家之长。

图中一位超逸的高士解衣露出胸、肩，赤足卧于榻上纳凉。榻的左侧有一方桌，上置书卷、茶盏、文玩等物，桌与榻相接处斜置一阮咸。榻的后方有一大屏风，屏风中画一老者坐于榻上，榻上置书、笔、

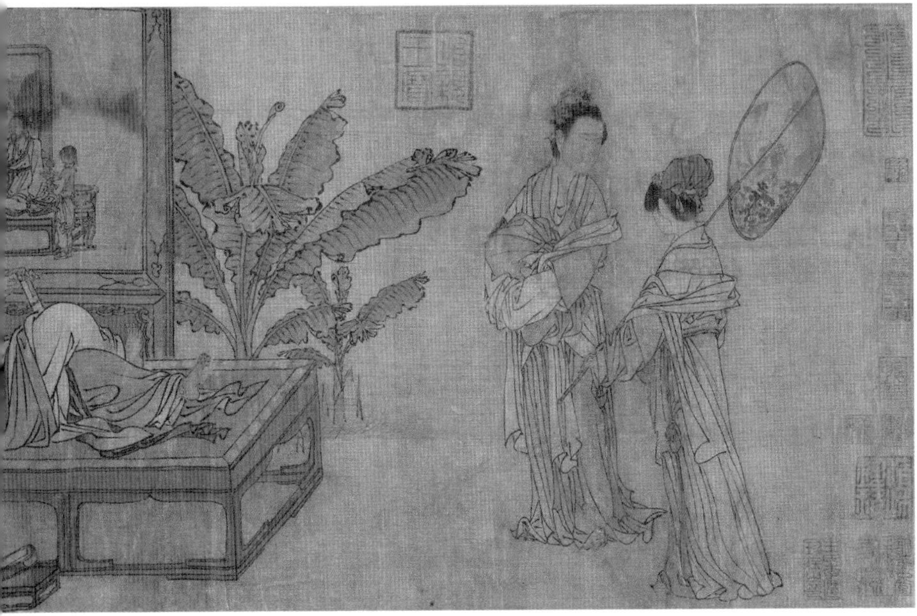

消夏图

元 刘贯道

美国纳尔逊艺术博物馆藏

绢本

浅设色

纵30.5厘米

横71.1厘米

砚等物，一小童侍立于侧，另有两人在对面的桌旁煮茶。屏风之中又画一山水屏风，这种画中有画的“重屏”样式，是五代以来画家喜欢采用的表现手法，可以增强欣赏的趣味性。

寒林茗话图
元　佚名
台北故宫博物院藏

绢本
青绿设色
纵 162.5 厘米
横 88.2 厘米

寒林茗话图

元
佚名

冬末初春，庭院中白梅点点，松树青绿。房屋中友人以茶会友，相谈甚欢，似有岁寒之友的意境。

听琴图
元 佚名
台北故宫博物院藏
绢本
设色
纵 124 厘米
横 58.1 厘米

听琴图

元
佚名

此画采用白描手法，高梧疏竹下有清泉奇石，画中一人坐于榻上抚琴，三位文士围坐倾听，另有僮仆四人，或侍立，或添香，或碾茶，或煮酒。

诗画里的中国茶

黄金小碾飞琼屑，碧玉深瓯点雪芽。

元　耶律楚材《西域从王君玉乞茶因其韵七首》

诗画里的中国茶

一曲离骚一碗茶，个中真味更何加。

元　耶律楚材《夜坐谈离骚》

诗画里的中国茶

茶烟一缕轻轻飏，搅动兰膏四座香。

元　李德载《中吕·阳春曲·赠茶肆》

诗画里的中国茶

琴声落茶鼎，宛若鸾凤鸣。

元　陈泰《茶灶歌》

诗画里的中国茶

客至留酤酒，吟长待煮茶。

元　王恽《首夏家居即事二首　其二》

诗画里的中国茶

待看茶焙春烟起，箬笼封春贡天子。

元　谢应芳《阳羡茶》

诗画
里的
中国茶

不与世人赏，瑶草自年年。

元 倪瓒《龙门茶屋图》

仙人应爱武夷茶，旋汲新泉煮嫩芽。

元　蔡廷秀《茶灶石》

明

汲泉煮茗图

明　沈周

台北故宫博物院藏

水墨

纵 153.7 厘米

横 36.2 厘米

汲泉煮茗图

明
沈周

沈周（1427—1509 年），字启南，号石田，晚号白石翁，长洲（今江苏苏州）人，绘画上尤以山水著称。他开创了“吴派”画风，与文徵明、唐寅、仇英并称“明四家”。

历来均以山泉为水中上品，虎丘位于苏州市北，不仅生产虎丘名茶，而且虎丘石泉，自唐代以来便被评为天下第三泉。图中所画便是在虎丘石泉取水煮茶的情景。图中疏林小径，一位童子挈壶执杖，寻径汲泉准备烹茶。

周茂叔爱莲图

明
沈周

图绘周敦颐爱莲说，亦是沈周自己在有竹庄观莲的写照，亭榭一角，侍童正在煮茶，周敦颐在品茶赏花，何等惬意。图中右上角题诗：“水面红莲半吐时，凌波仙子步瑶池，诗成独坐虚亭上，风送清香袭素肌。”

水面紅蓮半吐時凌波
仙子步瑤池詩成獨坐虛
亭上風送清香襲素肌
沈周

周茂叔爱莲图

明　沈周

美国西雅图艺术博物馆

纸本

浅设色

纵 30.8 厘米

横 47 厘米

山亭纳凉图
明 周臣
台北故宫博物院藏

绢本
设色
纵 95.9 厘米
横 58.9 厘米

山亭纳凉图

明
周臣

周臣（1460—1535 年），字舜卿，号东村，吴县（今江苏苏州）人。擅长画人物和山水，画法严整工细。他有两位学生非常出名，即仇英和唐寅。

图绘树石高耸蔽亭，亭内一位文士席地品茗纳凉，右执羽扇，旁置卷、册、茗尊各一。亭外童子，正伸臂摘采蜀葵花以供瓶插，显现出悠闲宁谧。

松窗对奕图

明
周臣

图中满山苍松翠柏，清溪环流，岸边草庐中有两人正在专心对弈，侍童在旁边奉茶，一人骑驴而至，驴后童仆持琴随行，远处有人在过桥，呈现出一幅闲适的景象。

松窗对奕图

明 周臣

台北故宫博物院藏

绢本

设色

纵 84.2 厘米

横 132.2 厘米

林榭煎茶图

明
文徵明

文徵明（1470—1559 年），原名壁，字徵明，后以字行，改字徵仲，长洲（今江苏省苏州）人。他文师吴宽，书法学李应祯，绘画宗沈周。少时即享才名，是继沈周之后的“吴门画派”和文坛的领袖，门人、弟子众多，对当时和后世影响巨大。

明代饮茶习惯随着散茶制作的普及进入寻常百姓家，茶画存世尚多，“明四家”沈周、文徵明、唐寅、仇英均有真迹流传，当时茶文化追求的是林茂松清、景色幽致，画面如《长物志》中所言“构一斗室，

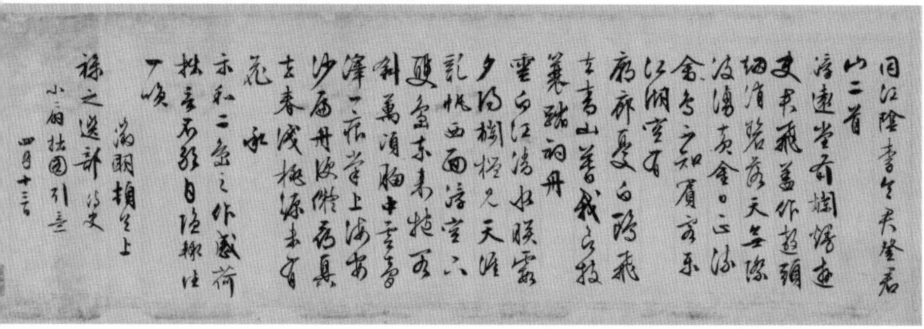

林樹煎茶图
明 文徵明
天津博物馆藏
纸本
浅设色
纵 25.7 厘米
横 114.7 厘米

相傍山斋，内设茶具，教一童专主茶役，以供长日清谈，寒宵兀坐，幽人首务，不可少废者。”幽人即隐士，所以明代茶画着意的是画中流露的隐逸之气。此作品系文徵明给其学生王谷祥的一幅画。

乔林煮茗图
明 文徵明
台北故宫博物院藏
纸本
浅设色
纵 84.1 厘米
横 26.4 厘米

乔林煮茗图

明
文徵明

画中河岸上有两棵斜着生长的大树，一位文人坐在树干上，侍童在旁煮茶。此幅为文徵明 57 岁所做，笔简而意无尽。款识：不见鹤翁今几年，如闻仙骨瘦于前。只应陆羽高情在，坐荫乔林煮石泉。久别耿耿，前承雅意。未有以报，小诗拙画。聊见鄙情，征明奉寄如鹤先生，丙戌（1526 年）五月。

品茶图
明 文徵明
台北故宫博物院藏
纸本
浅设色
纵 88.3 厘米
横 25.2 厘米

品茶图

明
文徵明

此画描绘了文徵明与友人在林中茶轩品饮雨前茶的场景。周围环境幽雅，苍松高耸，两人对坐品茗清谈。几上放置茶具若干，堂外一人正过桥向茶轩走来；茶轩内炉火正炽，一位童子正在煮茶。图中所绘茶轩，是文徵明常与好友聚会品茗之所。题跋：碧山深处绝尘埃，面面轩窗对水开。谷雨乍过茶事好，鼎汤初沸有朋来。嘉靖辛卯，山中茶事方盛，陆子傅过访，遂汲泉煮而品之，真一段佳话也。

碧山深处绝纤埃，面面轩窗对水开。谷雨乍过茶事好，鼎汤初沸有朋来。
嘉靖辛卯，山中茶事方盛，陆子傅过访，遂汲泉煮而品之，真一段佳话也。
徵明制

明

惠山茶会图

明
文徵明

该画前幅蔡羽书序，后纸蔡羽、汤珍、王宠三家书诗，顾文彬题记。该图作于正德十三年戊寅（1518 年），文徵明与好友蔡羽、王守、王宠、汤珍等人至无锡惠山游览，品茗吟诗。画中松林劲翠，环境幽

惠山茶会图
明 文徵明
故宫博物院藏

纸本
设色
纵21.9厘米
横67厘米

雅，友人或围井而坐，或散步林间，或观看童子烹茶。按蔡羽卷后序，此次聚会以鼎煮水，三沸三啜，识水品之高，仰古人之趣，可谓风雅之至。

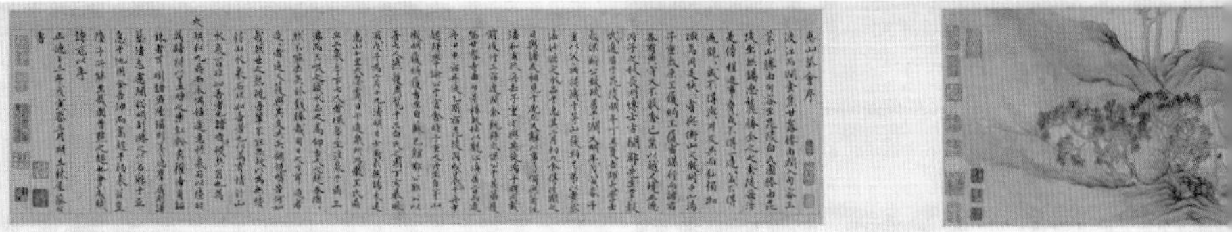

惠山茶会图

明
文徵明

《惠山茶会图》世存有两个版本，故宫博物院版本和上海博物馆版本，上海博物馆版本引首为郑鹏题“惠山茶会”，后继蔡羽序。该卷由文徵明赠与郑鹏，后归清鉴藏家宫尔铎所有。

惠山茶会图

明 文徵明

上海博物馆藏

纸本

设色

纵 23.9 厘米

横 68.5 厘米

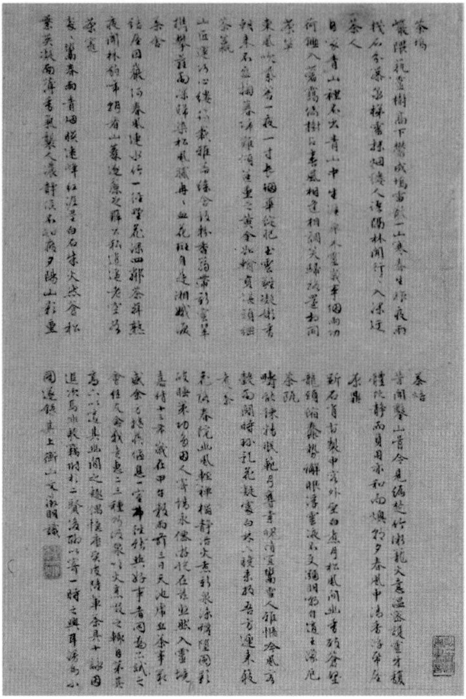

茶具十咏图
明 文徵明
故宫博物院藏
纸本
墨笔
纵 136.1 厘米
横 26.8 厘米

茶具十咏图

明
文徵明

画中青山之下郁树成荫，作者坐于轩内，另一间屋内童子正在煮茶。从款署中可知，明嘉靖十三年谷雨前三天，苏州的天池、虎丘等地正举行茶叶品评盛会，作者因病未能参加，其好友送来几种好茶，于是令小童汲泉、吹火、煮茶，自斟，自饮，自己品评茶叶之高下，自得其乐。诗兴所至，亦追和了十首茶诗，分别为茶坞、茶人、茶笋、茶籝、茶舍、茶灶、茶焙、茶鼎、茶瓯、煮茶。

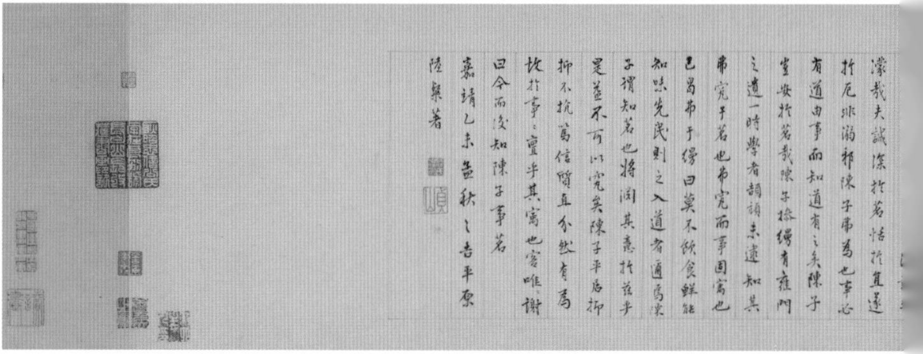

事茗图

明
唐寅

唐寅（1470—1523 年），字伯虎，一字子畏，号六如居士，吴县（今苏州）人。出身商人家庭，玩世不恭，才气横溢，与祝允明、文徵明、徐祯卿并称“吴中四才子”，画名更著，与沈周、文徵明、仇英并称“明四家”。其绘画擅长山水、人物、花鸟等。画法早年受沈周、文徵明影响，多“吴派”痕迹，30 余岁时拜周臣为师，主宗南宋“院体”，后泛学宋元诸家，自成一体。

画中青山环抱，林木苍翠，舍外有溪流环绕，参天古树下，茅屋内一人正持杯端坐，若有所待。左边侧屋一人在静心候火。屋右侧小桥上一老叟手持拐杖缓缓走来，随后跟一抱琴小童，似应约而来。画幅后有自题诗一首，道出了唐寅归隐山林的心情，诗曰：“日长何所事，茗碗自赍持。料得南窗下，清风满鬓丝。”

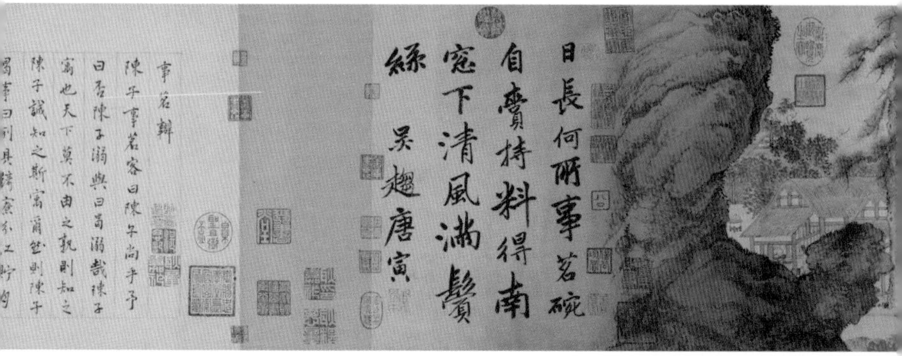

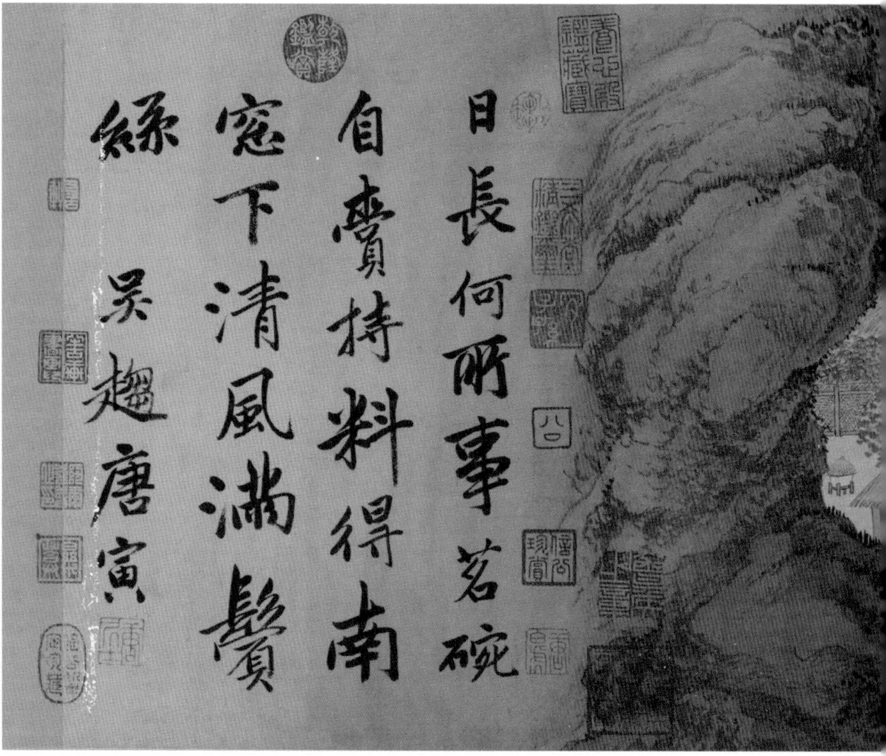

事茗图

明　唐寅

台北故宫博物院藏

纸本

设色

纵 31.1 厘米

横 105.8 厘米

品茶图

明　唐寅

台北故宫博物院藏

纸本

水墨

纵 93.2 厘米

横 29.8 厘米

品茶图

明
唐寅

画中呈现了一幅冬日文人读书品茶的景象。高山流水，巨石苍松，寒林中草屋内，一位文人坐着读书，一位侍僮蹲于屋角一边煽火煮茶，一边听主人读书；另一间屋内有两人正在交谈，桌上放置了茶壶与茶瓯等，整体呈现出文人悠闲的山居生活。作者题诗："买得青山只种茶。峰前峰后摘春芽。烹煎已得前人法。蟹眼松风候自嘉。"《品茶图》为乾隆皇帝陈设于河北盘山静寄山庄"千尺雪茶舍"的壁上之珍，画上书有乾隆每次驻跸的题诗及"静寄山庄"。

茗事

記得惠山精
舍裏竹壚瀹
茗綠杯持解
元文筆閒相
仿清溜何妨
甲戌閏四月雨
餘餘暇偶展
此卷因摹其意
即用卷中原韻
題之并書於此
御筆

徵明

得青山只種茶峯前峯後
春芽烹煎已得前人法蟹眼
風朕自嘉
吳郡唐寅

斗茶图

明

唐寅

常规的斗茶是在市井间，而唐寅的《斗茶图》剑走偏锋，将斗茶场所移至山间，伴有峭石奇松。此处绝非做生意的合适地点，小贩衣着整洁、举止有节，斗茶竞技无市井的烟硝，反而感觉是在品赏，有文人雅士的风范。

斗茶图

明 唐寅

台北故宫博物院藏

绢本

设色

纵 56.4 厘米

横 61.8 厘米

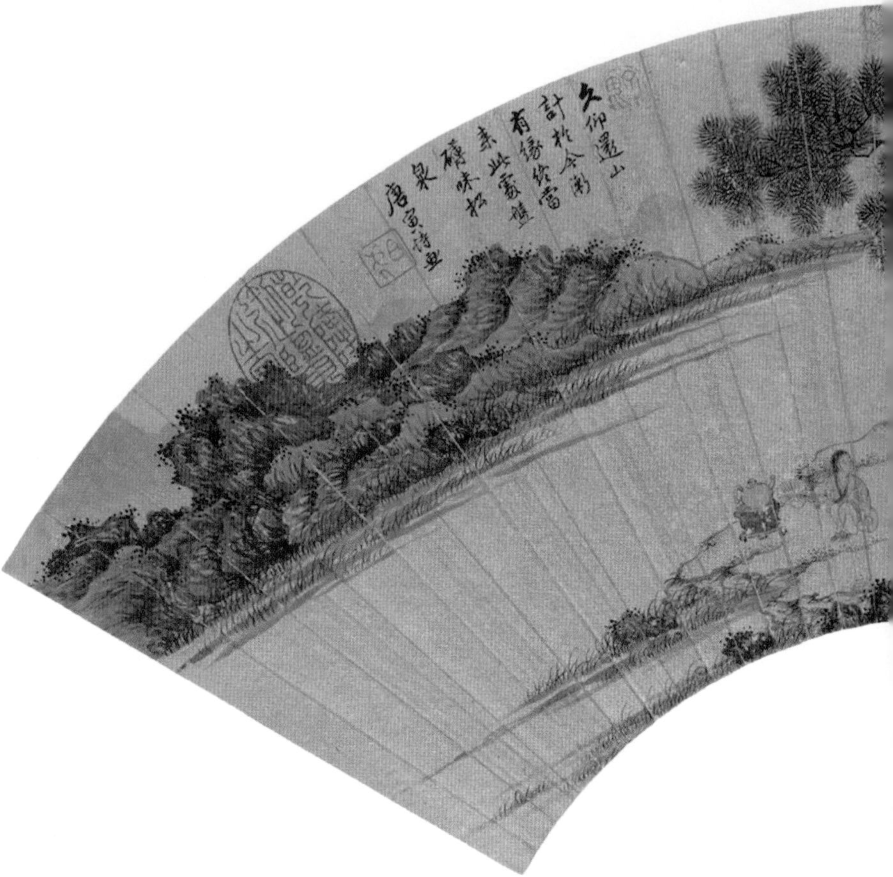

烹茶图

明
唐寅

画中一位隐士坐在矮几旁，上面放着茶具和书，他望向右边的侍童，侍童正蹲在炉前煮茶，描绘了以茶为伴、细品独啜的隐居生活。作者题诗一首：久仰还山计，于今渐有缘。终当来此处，盘礴味松泉。

烹茶图

明 唐寅

台北故宫博物院

纸本扇面画

设色

纵 17.1 厘米

横 54 厘米

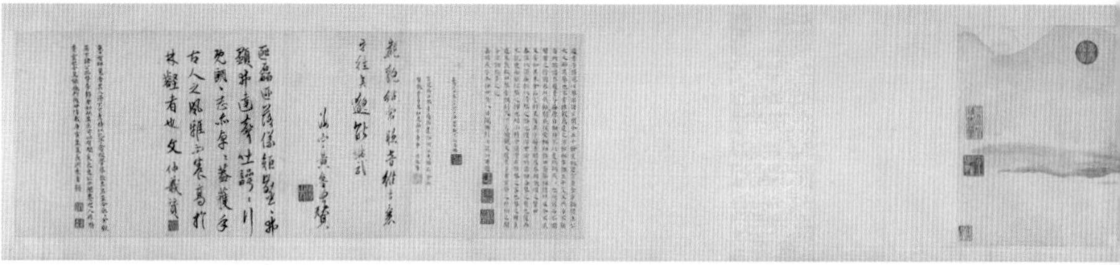

琴士图

明
唐寅

该画是茶与琴结合的完美表现，琴声如高山流水。画中主角是苏州著名琴师杨季静，赤足盘坐在水畔，面向流水，抚弦弹琴，神态悠闲安详。三位僮仆，一位捧食将来，一位侍立待命，另一位正在烹茶。

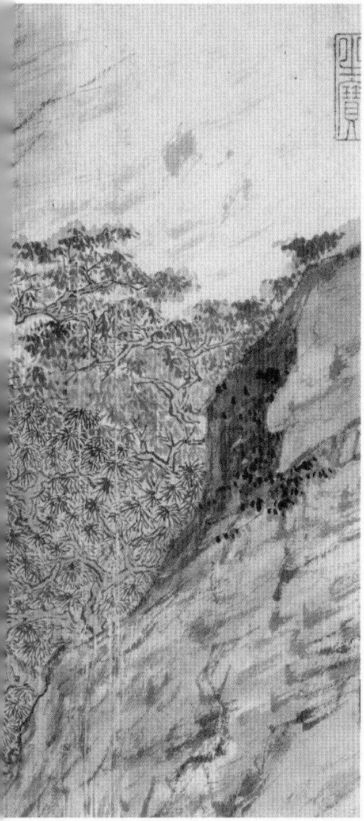

琴士图

明　唐寅

台北故宫博物院

纸本

浅设色

纵 29.2 厘米

横 197.5 厘米

此局部画作正显示了一位僮仆烹茶的景象。画面呈现在山石双松之间，小几与地上散列着书籍、笔砚和鼎彝古玩，一如书斋的陈设，描绘出明代文人雅兴。

松亭试泉图
明 仇英
台北故宫博物院藏

绢本
设色
纵128.1厘米
横61厘米

松亭试泉图

明
仇英

仇英（约1498—1552年），字实父，号十洲，“明四家”之一。仇英出身寒门，幼年失学，曾习漆工，后拜师周臣。

画中远山近水，山泉飞瀑，草亭内一位文人倚栏凭溪侧坐，一位侍童汲泉携罐，正欲备茶，另一位侍童则欲打开书画，亭前树荫下有茶炉、茶壶，一旁放置茶壶、茶叶罐、茶杯等，呈现了明代文人雅士汲泉烹茶、赏书鉴画的悠闲雅事。这正是明代文震亨、许次纾等文人提倡的品茗环境之体现。

写经换茶图

明
仇英

这幅作品绘的是赵孟頫写经与明本禅师换茶的故事。画面中有松林、竹篱，赵孟頫据石几作书，与明本禅师对坐。后设茶具、炉案。有侍童三人。画后有文徵明写的《摩诃般若波罗蜜多心经》，以及文徵明长子文彭题跋、次子文嘉识语。

写经换茶图

明 仇英

美国克利夫兰艺术博物馆藏

纸本

设色

纵 20.6 厘米

横 77.9 厘米

玉洞仙源图
明 仇英
故宫博物院藏

绢本
设色
纵 169 厘米
横 65.5 厘米

玉洞仙源图

明
仇英

画面奇峰峻岭，苍松翠柏，琼楼水阁，云雾缭绕。溶洞前，一位隐士盘膝静坐琴前，侍童们忙着煮茶、端盘、陈设古玩，描绘出一幅远离喧嚣的人间仙境，体现出作者想归隐山林的心情。

品茶图

明　陈洪绶

故宫博物院藏

绢本

设色

纵 107 厘米

横 53 厘米

品茶图

明
陈洪绶

陈洪绶（1599—1652 年），字章侯，号老莲、悔迟，诸暨（今属浙江省）人。早年受业于刘宗周、黄道周门下，明朝灭亡后，为躲避清兵，曾在绍兴云门寺出家为僧，后在杭州以卖画为生。其画初受蓝瑛影响，后广泛临学古人，并大胆创新，独树一帜，为晚明变形主义绘画大师。与崔子忠齐名于南北，世称“南陈北崔”。

此幅《品茶图》中有两位手持茶杯的高士，一人坐于蕉叶之上，一人坐于石台上，石桌上置有一把古琴，画面右侧瓷瓶中插有荷花，炉火正在煮茶。此图落款为：老莲洪绶画于青藤书屋。

老蓮洪綬畫於青藤書屋

品茶图
明 居节
台北故宫博物院藏
纸本
水墨
纵 107.1 厘米
横 28.9 厘米

品茶图

明
居节

居节（约 1527—1587 年），明代吴门画家，是文徵明的弟子，画风和文徵明很像。遗憾的是，居节传世作品很少。此幅画为居节仿照文徵明《品茶图》而作，画面清雅，与原画绝似，上题文徵明《茶具十咏》。

词林雅集图

明
吴伟

吴伟（1459—1508 年），字士英，又字次翁，号小仙，江夏（今湖北武汉）人。艺坛“浙派”主将之一，也是其支脉“江夏派”的领袖人物。山水画主要师承马远、夏圭，受“浙派”创始人戴进影响最大。

此作品采用白描手法绘出文人于庭院间雅集的情景：论茶、抚琴、读书、观画、下棋。笔法爽练刚劲，人物神情闲逸，洒脱自然，为作者晚年杰作。

词林雅集图

明 吴伟

上海博物馆藏

绢本

设色

纵 27.9 厘米

横 125.1 厘米

煮茶图

明
王问

王问（1497—1576 年），字子裕，号仲山，江苏无锡人。自幼聪慧，于嘉靖十七年（1538 年）中进士，后弃官养父。此卷以白描手法绘成，画面右侧主人席地坐于竹炉前，正夹炭烹茶，炉上提梁茶壶一把，右旁有两个水罐及一把勺子。表现了文人品茗的闲适生活。

煮茶图

明 王问

台北故宫博物院藏

纸本

水墨

纵 29.5 厘米

横 383.1 厘米

惠山煮泉图
明 钱榖
台北故宫博物院藏
纸本
水墨
纵 66.6 厘米
横 33.1 厘米

惠山煮泉图

明
钱榖

此画为钱榖于隆庆四年（1570）冬十二月九日，于望亭道中所绘，记录了作者与友人于无锡惠山汲泉煮茗的雅事。钱榖与友人品茶、赏景、清谈，侍童则在一旁汲泉、扇火、备茶。惠山泉甘洌可口，宋徽宗曾把惠山泉列为贡品。画上乾隆题诗：“腊月景和畅，同人试煮泉。有僧亦有道，汲方逊汲圆。此地诚远俗，无尘便是仙。当前一印证，似与共周旋。”

惠山煮泉圖

坐听松风图
明　李士达
台北故宫博物院藏
绢本
设色
纵 167.2 厘米
横 99.8 厘米

坐听松风图

明
李士达

李士达（生卒年不详），号仰怀，吴县（今江苏苏州）人。万历二年（1574 年）进士，擅长绘人物及山水。

图中松下一文人双手抱膝靠石而坐，似在坐听松风，有两位侍童于茶炉前扇火烹茶，正回首看着身后正在解开书卷的侍童，另一侍童则于坡边采芝。坡石上的茶具有风炉、紫砂茶壶、朱漆茶托、白瓷茶盏及盛水的水瓮等。画面上方乾隆题诗一首。

謖籟枝頭清耐聽科
頭箕踞欲忘形長松
定已千年閱自課青
童劚茯苓
戊子季夏御題
萬曆丙辰秋寫

玉川煮茶图

明　丁云鹏

故宫博物院藏

纸本

设色

纵 137.3 厘米

横 64.4 厘米

玉川煮茶图

明
丁云鹏

丁云鹏（1547—1628 年尚在），字南羽，号圣华居士，休宁（今安徽休宁）人。擅画人物、佛像，尤工白描。早年人物画用笔细秀严谨，取法文徵明、仇英，后变为粗劲苍厚，自成一家。

这幅作品是丁云鹏晚年创作的工笔精细画。画面是花园的一角，有一株盛开的玉兰，假山前坐着卢仝。他目视茶炉，正聚精会神候火煮茗，身前石桌上放着茶具，桌右侧有一位长须仆。左边一赤足仆正双手捧果盘而来。

溪亭试茗图
明 文嘉
上海博物馆藏

纸本
水墨
纵 79 厘米
横 29.5 厘米

溪亭试茗图

明
文嘉

文嘉（1501—1583 年），字休承，号文水，长洲（今江苏苏州）人，文徵明次子。画中高山流水，云雾缭绕，碧波荡漾，草木茂盛。笔墨疏简秀润，脱尘超俗，意境清远。绘一文士在亭中闲坐，一人拄杖前往。作者题诗点明会友品茶的主题，“江南四月雨初晴，山涨苍烟新水平。携客溪亭试春茗，绿阴深处乱啼莺。”

诗画里的中国茶

竹间冻雨密如麻，静听围炉夜煮茶。

明　唐寅《雪》

诗画里的中国茶

活水新泉自试烹，竹窗清夜作松声

明　高启《烹茶》

谁言两地人千里，清味尝来总一同。

明　王绂《谢吴中寄惠佳茗》

嫩汤自候鱼生眼，新茗还夸翠展旗。
谷雨江南佳节近，惠泉山下小船归。
明　文徵明《煎茶诗赠履约》

诗画里的中国茶

安能买景如图画，碧树红花煮月团。

明　徐渭《陶学士烹茶图》

诗画里的中国茶

云叶嫩，乳花新，冰瓯雪瓯却杯巡。
清风两腋诗千首，舌有悬河笔有神。

明　杨慎《酒泉子　其二　以茉莉沙坪茶送少岷》

诗画里的中国茶

白瓯沸雪发兰香，色似梨花透纸窗。

明　张岱《曲中妓王月生》

自分玉岭千寻润，小试春旗一叶单。

明　顾清《冬夜四清次孚若韵　其一　煮茶》

诗画里的中国茶

清

王原祁艺菊图

清
禹之鼎

禹之鼎（1647—1716）是清代著名画家，与王时敏、王鉴、王翚并称“清初四王”，擅长绘人物。此图是禹之鼎在京城官任鸿胪寺序班、供奉畅春园时为王原祁所画的肖像。画中王原祁留有浓须，身材微胖，手持茶杯品茗赏菊，左侧有两位正在交流的仆人。画中陈设简浩，设色典雅。

王原祁艺菊图
清 禹之鼎
故宫博物院藏
绢本
设色
纵 32.4 厘米
横 136.4 厘米

陶穀烹雪图

清
孙祜

孙祜（公元 18 世纪），江苏人，于康熙、雍正时期就已入宫供职，为清宫前期的宫廷画家之一。

此为《雪景故事册》之一，该图册共计十开，分别画有与冬日雪景相关的十个历史故事，分别为东郭履雪、苏卿啮雪、袁安卧雪、赤脚嚼雪、谢庭咏雪、王恭涉雪、谢庄点雪、孙康映雪、陶穀烹雪和程门立雪。此作品就是讲宋代的陶穀学士与党妓扫雪烹茶的故事，《古今事文类聚》卷四载，宋陶为学士，得党太尉家姬，遇雪，陶取雪水烹茶，曰：党家有此风味否？对曰：彼粗人，安有此？但能于销金帐中，浅斟低唱，羊羔儿酒耳。

陶毂烹雪图

清 孙祜

故宫博物院藏

绢本

设色

纵 32.2 厘米

横 26 厘米

秋树昏鸦图
清 王翚
故宫博物院藏
纸本
设色
纵 118 厘米
横 74 厘米

秋树昏鸦图

清
王翚

王翚（1632—1717 年），字石谷，号耕烟散人、剑门樵客等，江苏常熟人，“清初四王”之一，是清初画坛的正统派，深受贵族士大夫阶层的喜爱。此图为王翚晚年的代表作，笔法娴熟劲健，画风清丽典雅。作品左上角题诗一首：“小阁临溪晚更嘉，绕檐秋树集昏鸦。何时再借西窗榻，相对寒灯细品茶。” 这首诗道出了画中的情与景。

小阁临溪晚更嘉绕檐秋树
集昏鸦何时再借西窗榻相
对寒灯细品茶 补唐解元诗
壬辰五月望前二日 耕烟散人王翚

竹林七贤图

清 俞龄

济南市博物馆藏

绢本

设色

纵 169.2 厘米

横 95.9 厘米

竹林七贤图

清
俞龄

俞龄（生卒不详），主要活跃于康熙时期，字大年，杭州人。以画马名世。擅长绘山水、人物。“竹林七贤”代表了魏晋时期的文人精神，他们崇尚自然、率性洒脱。此图绘竹林七贤于密竹林中抚琴作乐，谈经论道。其中两位正在品茶对弈，棋桌旁边放有茶杯、茶壶。

水绘园雅集图
清 戴苍
上海博物馆藏
纸本
设色
纵 146 厘米
横 72.9 厘米

水绘园雅集图

清
戴苍

戴苍（生卒不详）清早期画家，擅长画人物、山水。曾师从谢彬学习绘画。

该作品绘冒襄等文人名士在其私家园林——水绘园的一次雅集。在高雅的园林环境中，一位僧人在石下打坐。两位文人在树下品茶论道，神态怡然。画面中心石桌前一位老者展卷沉吟，正要落笔作画，另一人据案闲坐。扶手竹椅上坐着的正是水绘园主人冒襄。雅集图是一种特定题材的绘画，是对文人雅集的艺术写照，以此表达文人自得其乐的情致和超凡脱俗的性情。

玉川先生煎茶图

清
金农

金农（1687—1763 年或 1764 年），字寿门，号冬心，又号稽留山民、曲江外史等。浙江仁和（今浙江杭州）人。受业于何焯。“扬州八怪”之首。所创“漆书”尤为奇古，颇具特色，富于金石意味，为时人所推重。

此作品为金农《山水人物图册》之一，该图册共十二开，分别绘佛像、山水、人物故事等。画中卢仝在芭蕉树下烹茶，一位赤脚老仆持吊桶在泉井汲水。图中卢仝纱帽笼头，颔下蓄长髯，双目微睁，神态悠闲，身着布衣，手握蒲扇，亲自候火点汤，神形兼备。

玉川先生煎茶图
清　金农
台北故宫博物院藏
纸本
设色
纵 24.3 厘米
横 31.2 厘米

采茶翁图
清 黄慎
烟台市博物馆藏
纸本
设色
纵 137.1 厘米
横 64 厘米

采茶翁图

清
黄慎

黄慎（1687—1768 年），字恭懋，号瘿瓢子，为“扬州八怪”之一。其草书极具特色。

画中老翁，手提竹篮，舒衣广袖，头戴方巾，长髯垂胸，气宇不凡。画的左上方题草书七言诗一首：“采茶深入鹿麋群，自剪荷衣渍绿云。寄我峰头三十六，消烦多谢武夷君。”此画意境高古，笔墨畅达，书画同法，一气呵成，如作狂草，可谓难得之佳作。

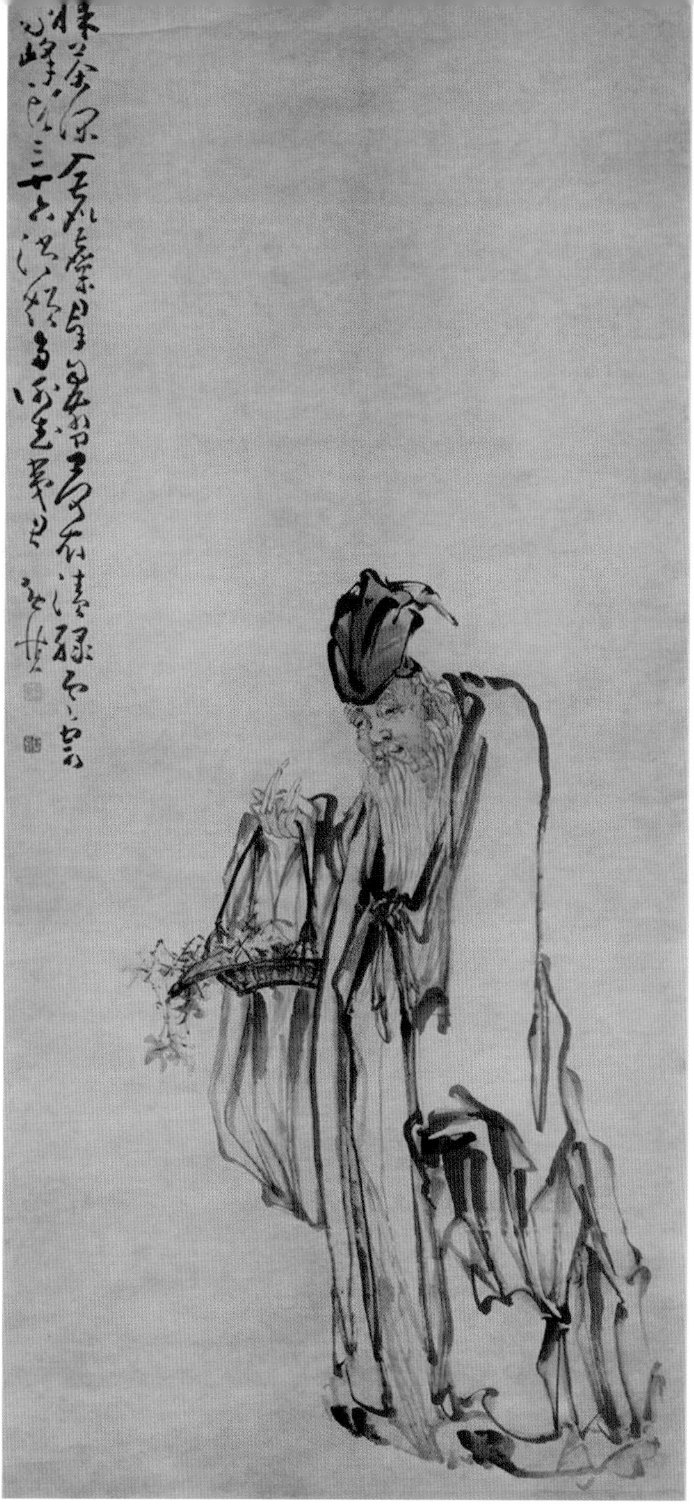

竹石图

清
郑板桥

郑燮（1693—1765 年），字克柔，号板桥，江苏兴化人，为“扬州八怪”之一。清乾隆元年（1736 年）进士，曾任山东县令等职。为人耿直，不事权贵，能书擅画，书法创“六分半”体，又称“乱石铺街体”。画中竹子疏密有致，含清刚之气。竹后巨石用中锋勾勒，笔致硬

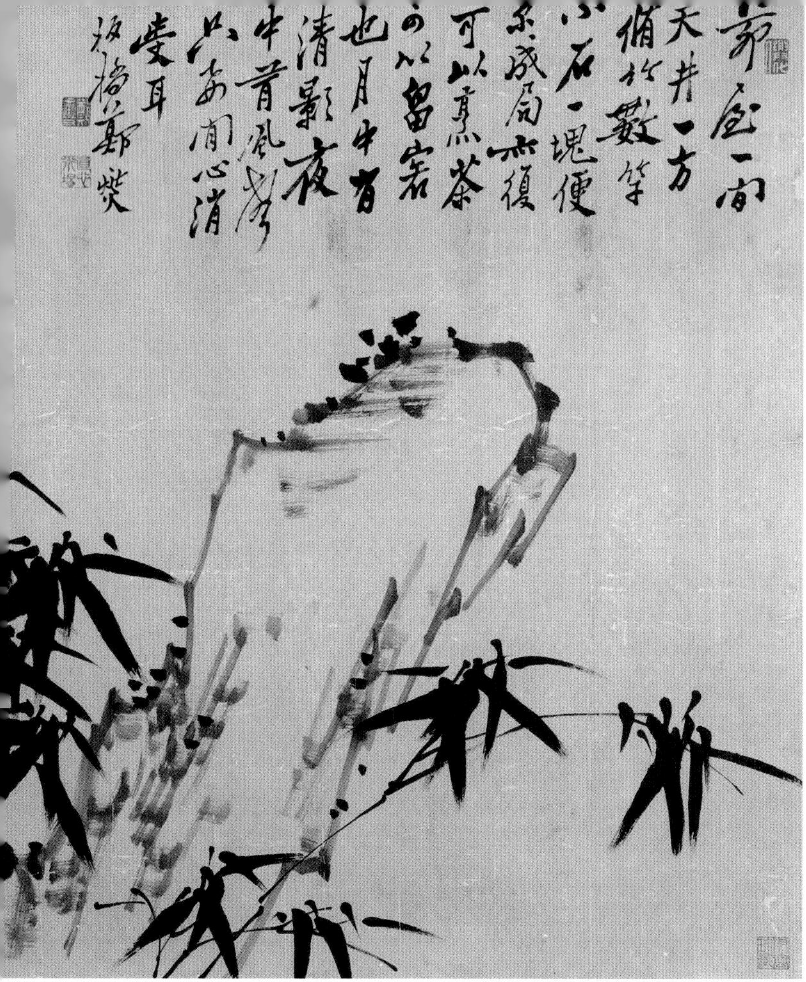

竹石图
清 郑板桥
藏地不详

纸本
水墨
尺寸不详

瘦，寥寥数笔而神韵自足。右上方题诗：“茅屋一间，天井一方，修竹数竿，小石一块，便尔成局，亦复可以烹茶，可以留客也。月中有清影，夜中有风声，只要闲心消受耳。”郑板桥有茶痴之名，广为人知，这幅作品能让你感受他淡泊悠然的精神世界。

梅兰图

清　李方膺

浙江省博物馆藏

纸本

水墨

纵 127.2 厘米

横 46.7 厘米

梅兰图

清
李方膺

李方膺（1695—1755 年），字虬仲，号晴江，别号秋池，江苏南通人，“扬州八怪”之一。擅画松、竹、梅、兰及小品，尤其对梅花情有独钟，一生大部分作品都是画梅。

画家寥寥数笔，勾勒出古拙素朴的茶壶与碗，茶好、水灵、具精，加上一个幽雅清绝的环境，茶已不仅仅是茶，而是成为了文人士大夫不入浊流、高洁自守的品格象征。画作下方题：“峒山秋片，茶烹惠泉，贮砂壶中，色香乃胜。光福梅花开时，折得一支归，吃两壶，尤觉眼耳鼻舌俱游清虚世界，非烟人可梦见也。”

貯石壺中色色乃

少壺中福壽花開時

滕光福壽花開時

扶尋一枝臙喉兩壺

尤覺眼耳

鼻舌俱捨

清靈世界

非烟人

夢見也

於八閩太守伯署晴江

乾隆十八季寫

清夜烹茶图
清 汪士慎
藏地不详

纸本
水墨
纵 119.5 厘米
横 32.5 厘米

清夜烹茶图

清
汪士慎

汪士慎（1686—1762 年），字近人，号巢林，别号溪东外史、晚春老人等，安徽歙县人，“扬州八怪”之一，以擅画墨梅著名于世。晚年双目失明，著有《巢林诗集》。由于他在家排行第六，并嗜茶成癖，金农常称之为“汪六”或“茶仙”。

此画是汪士慎为友人焦五斗而作，谢其赠雪水煮茶。图中石边松下，开轩独坐者即汪士慎，园中一位侍童正坐在茶炉旁。园外疏竹掩映，山峰耸出雾霭之上，画境幽远。题识：舍南素友心情美，惠我仙人剪花水。西风篱落飘茶烟，自坐竹炉听宫徵。杉青月白空斋幽，满椀香光阳羡秋。欲赋长歌佐逸兴，吟怀一夜清悠悠。五斗焦子观雪水旧句。辛酉仲冬录此以博大雅一笑。

舍南素友心情美惠我儂人剪花水西風籬落飄茶煙自罣竹爐
聽宮徵杉青月白空齋幽滿椀香光陽羨秋欲賦長歌佐逸興
吟懷一夜清悠、
五斗焦子晛雪水舊句辛酉仲冬錄此以博大雅一笑
巢林汪士慎寫

乾隆皇帝松荫消夏图
清 董邦达
故宫博物馆藏

纸本
水墨
纵 193.5 厘米
横 158 厘米

乾隆皇帝松荫消夏图

清
董邦达

董邦达（1699—1769 年或 1774 年），字孚存，号东山，浙江富阳人。书法擅长篆隶，颇得古法。山水宗法元人，擅用枯笔。他长年服务于宫廷，为乾隆时期著名的词臣书画家，参与《石渠宝笈》等内府图书的编纂。

此作品曾作为室内装饰画，挂于避暑山庄的澄观斋殿内。图中高山耸立，松柏葱翠。乾隆皇帝独坐于松柏流泉间的石几前，凝神静气，若有所思。山间溪流旁的侍童一边挥扇煮茶，一边回首听候主人的召唤。乾隆一生嗜茶，将品饮清茶当作最好的休闲与享受，在六次南巡中，饮遍江南各地的名泉佳茗。此图真实地描绘了乾隆皇帝的品茶休闲时光。

世界空華底認真分明兩句
辨疏親寰中第一尊崇者知
是憂勞第一人
夢中自題小像一絕甲子夏五所紀
也乙丑季夏清暉閣再書

煮茶洗砚图

清
钱慧安

钱慧安（1833—1911年），海派代表性画家之一，宝山高桥镇花园浜村（今上海浦东）人。

此幅为钱慧安替友人文丹绘制的肖像。其背景为水阁书斋，侍童煮茶、洗砚，作者以此衬托、描绘出文丹的文人气质。

煮茶洗砚图
清　钱慧安
上海博物馆藏
纸本
设色
纵 62.1 厘米
横 59.2 厘米

品泉图

清
金廷标

金廷标（生卒年不详）字士揆，乌程（今浙江湖州）人，画家金鸿之子，少从父学，白描尤工。乾隆二十五年弘历南巡，他献画称旨，入了清宫，以作画供奉内廷。

图绘月下林泉，一位文士坐于溪边品茗遐想，一名侍童蹲踞溪石汲水，一名侍童竹炉燃炭。右上角清乾隆帝题诗：“倚树持杯性不羁，浇书一晌坐闲时。底须佳客资商搉，品格由来贵自知。”

品泉图

清 金廷标

台北故宫博物院藏

纸本

设色

纵 58 厘米

横 73.8 厘米

摹宋人文会图

清
姚文瀚

姚文瀚（约 1736—1765 年），清代画家。号濯亭，顺天（今北京）人。乾隆时供奉内廷，工道释、人物、山水、界画。

本卷临摹刘松年的《十八学士图》，人物造型，器物环境全摹原卷，而设色渲染全是姚文瀚自家面目，尤带凹凸之法，体现了乾隆乃至整个清代宫廷的审美趣味。可见文人品茶，侍童烹茶情景。

摹宋人文会图

清 姚文瀚

台北故宫博物院藏

纸本

设色

纵 46.8 厘米

横 196.1 厘米

瓶菊图

清　虚谷

故宫博物院藏

纸本

设色

纵 126.2 厘米

横 57.7 厘米

瓶菊图

清

虚谷

虚谷（1823—1896 年）有“晚清画苑第一家”之誉。俗姓朱，名怀仁，僧名虚白，字虚谷，别号紫阳山民、倦鹤等。

此图为瓶插秋菊的小品画。构图匠心独运，高低错落的瓶和壶、S 形走势的秋菊令画面富有活力，并形成多层次的节律变化。设色淡雅清新，笔法灵活娴熟，是虚谷晚年的花卉画代表作。

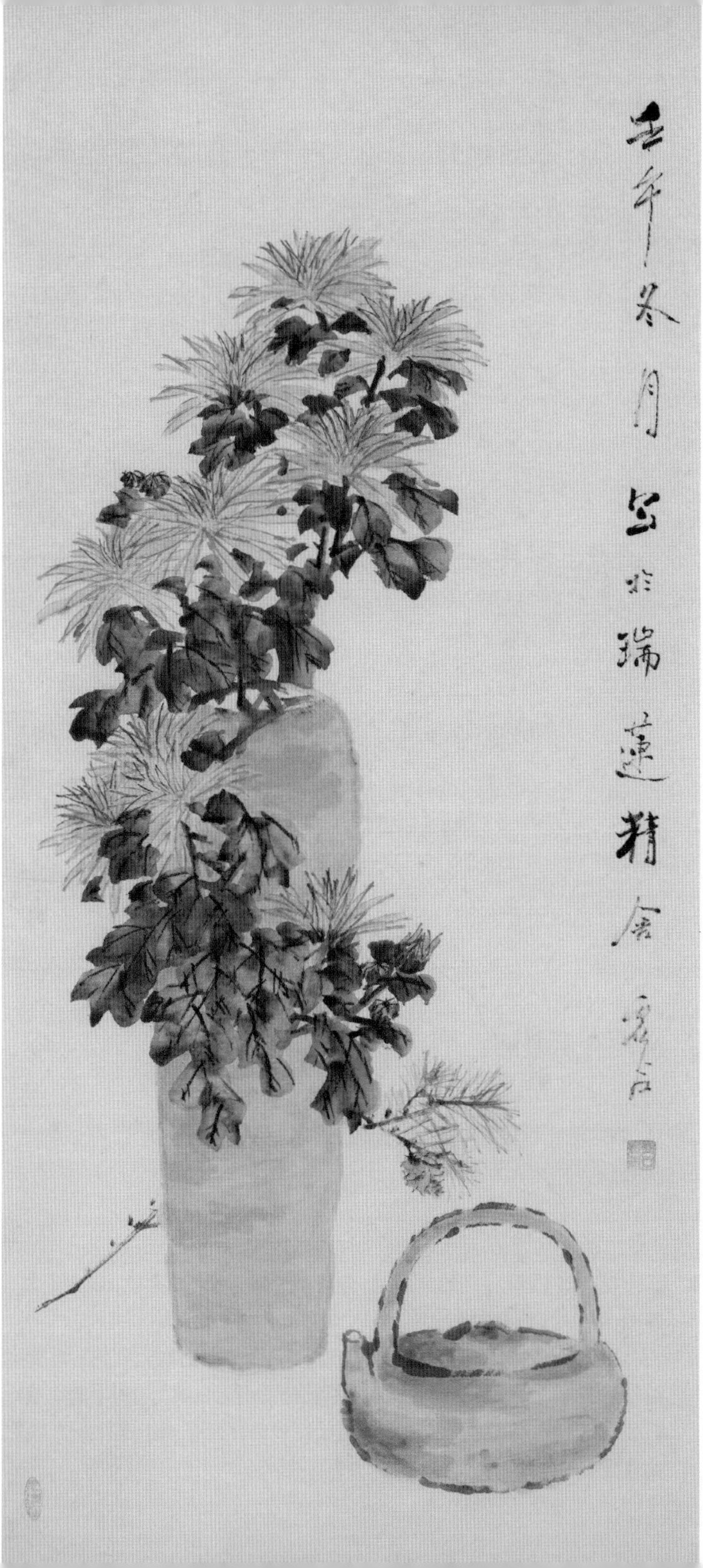
壬午冬月写于瑞莲精舍

茶菊清供图

清
吴昌硕

吴昌硕（1844—1927 年）初名俊，又名俊卿，字昌硕，又署仓石、苍石，清末“海派四大家”之一，新浙派代表人物。

这幅《清供图》为 1914 年作，是吴昌硕盛年之笔，取少见的横构图，画面有一壶一杯，菊花、苍石，斜陈的墨笔白菜。1914 年时，吴昌硕的生活已经十分宽裕，但在清供图中仍然画菊而不画牡丹，可见其富贵不改本心的高尚品格。

茶菊清供图

清　吴昌硕

藏地不详

纸本

设色

纵 39.5 厘米

横 129.5 厘

品茗图
清　吴昌硕
藏地不详

绢本
设色
纵 101 厘米
横 41 厘米

品茗图

清
吴昌硕

画中一丛梅枝斜出，生动有致；作为画面主角的茶壶、茶杯则以淡墨出之，充满拙趣，与梅花相映照，更显古朴雅致。左下角题诗一首：“折梅风雪洒衣裳，茶熟凭谁火候商。莫怪频年诗懒作，冷清清地不胜忙。”

折得瓦雪所不寒
葉遍底進火炉窗
莫點頻年
請獨作冷清
也不勝忙
丙午穀雨節
安吉吳俊卿

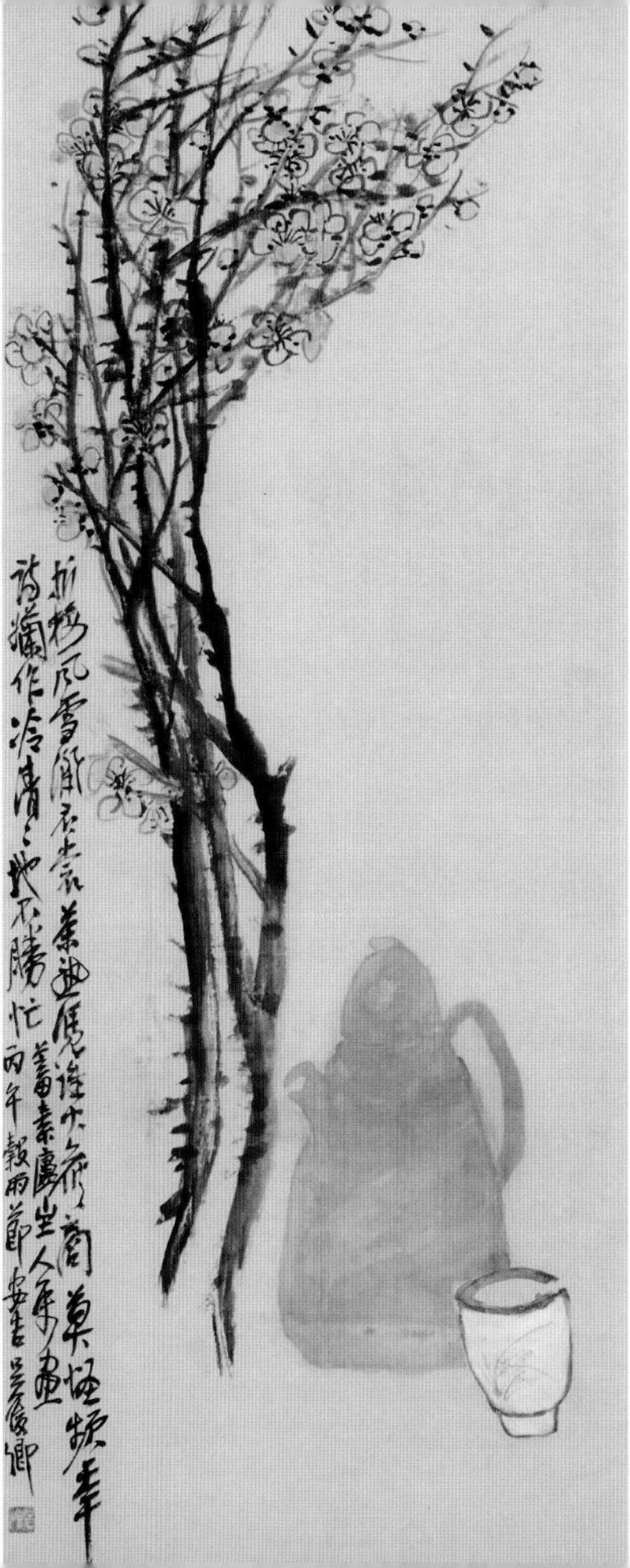

拟曼翁岁朝图
清 吴昌硕
藏地不详

纸本
设色
尺寸不详

拟曼翁岁朝图

清
吴昌硕

图中绘冬日里红梅绽放，一把蒲扇，旁边的炉子正煮着一壶茶。旁边题字：正是地炉煨榾柮，漫腾腾处暖烘烘。拟曼翁岁朝图，丙午秋苦铁。

桐荫品茶图
清 佚名
故宫博物院藏
绢本
设色
纵 184 厘米
横 98 厘米

桐荫品茶图

清
佚名

《雍亲王题书堂深居图屏》为宫廷画师绘，共 12 幅,《桐荫品茶图》为其中之一。图绘仕女手持纨扇在繁茂的梧桐树下静心品茶。透过图中的拱门可见黑漆描金书架的一隅，表现出该女子的学识与修养。

茗茶待品图

清 任伯年

中国美术馆藏

纸本

设色

纵 15.3 厘米

横 19 厘米

茗茶待品图

任伯年

任伯年（1840—1895 年），是“海上画派”中的佼佼者。初名润，字次远，号小楼，后改名颐，字伯年，别号山阴道上行者、寿道士等，浙江山阴航坞山（今杭州市萧山区瓜沥镇）人。

图中绘一位侍童煮茶，一位文人悠闲等待品茶的场景。品茗，静心亦可静神，在一杯一盏间，是闲适的生活，更是一种用心对待生活的态度。

诗画
里的
中国茶

钟生品诗如品茶，龙团月片百不爱，但爱幽香余涩留齿芽。

清　钱谦益《烹茶》

诗画
里的
中国茶

缓酌中泠水，曾传第一泉。如能作霖雨，沾洒遍山川。

清 康熙《试中泠泉》

诗画里的中国茶

绿罨苕溪顾渚，拍茶妇，绣裙如雨。携香茗，轻盈笑语，记得鲍娘一赋。

清　陈维崧《茶瓶儿·咏茗》

诗画
里的
中国茶

焙香气，袅一缕午烟，人静门闭。清话能有几？任旧友相寻，素瓷频递。

清　朱彝尊《扫花游·试茶》

诗画里的中国茶

未投兰蕊香先发，才洗瓷罂渴已消。

清　孔尚任《试新茶同人分赋》

诗画里的中国茶

春归如昨日，茶兴满天涯。

清　曹寅《过无锡卖茶器处》

诗画里的中国茶

绿树阴阴人迹少，枳篱茅屋焙茶香。

清　张英《初夏园林十忆诗·其五·新茶》

诗里中国画的茶

万片绿云春一点，布裙红出采茶娘。

清　袁枚《湖上杂诗》

民国

（1912—1949年）

竹里烹茶图

王震

纸本

设色

纵 66 厘米

横 131 厘米

竹里烹茶图

王震

王震（1867—1938 年），字一亭，号白龙山人、海云楼主、觉器，浙江湖州人，著名书画家、实业家、慈善家、社会活动家。王震与吴昌硕是莫逆之交，亦师亦友，有“海上双璧”之誉。

这幅画于 1925 年创作，画的是竹林间烹茶、品茗的闲适情景。

旧友晤谈图

潘天寿

杭州潘天寿纪念馆藏

指墨

桨矾纸设色

纵 90.7 厘米

横 40.5 厘米

旧友晤谈图

潘天寿

潘天寿（1897—1971 年），原名天授，字大颐，号阿寿、雷婆头峰寿者。浙江宁海人。与吴昌硕、齐白石、黄宾虹并称为 20 世纪“中国画四大家”。潘天寿建立了一套完整的迄今影响最大的中国画教学体系，被誉为现代中国画教育的奠基人。

此作品为指墨画又称指头画、指画，即以手指代替传统工具中的毛笔蘸墨作画。此画作中画了两位老友，在巨石蕉林下对坐品茶，相谈甚欢。画左上方题跋：好友久离别，晤言倍觉欢。峰青昨夜雨，花紫隔林峦。世乱人多隐，天高春尚寒。此来应少住，剪韭共加餐。戊子木樨馨里，作此自课。大颐寿者指墨。

茶具梅花图
齐白石
毛泽东故居
纸本
水墨设色
尺寸不详

茶具梅花图

齐白石

齐白石（1864—1957年）原名纯芝，字渭清，后更名璜，字萍生，号白石，别号借山吟馆主者，寄萍老人等，湖南湘潭人，是我国20世纪著名画家和书法篆刻家。尤以瓜果菜蔬花鸟虫鱼为工绝，兼及人物、山水，名重一时。

齐白石先生也是一位爱茶之人，我们从他的一些作品中可见一二。齐白石与毛泽东是湖南同乡，此图为齐白石92岁时为感谢毛主席邀请他到中南海品茶赏花、畅叙同乡之谊而创作。画面寥寥数笔，一支梅花、一把茶壶、两只茶杯，清新之气扑面而来。

毛主席正
九十二歲齊璜

笔砚壶具图
齐白石
中国美术馆收藏
纸本
水墨设色
纵 92 厘米
横 25.5 厘米

笔砚壶具图

齐白石

创作于 20 世纪 20 年代，作品中画了玻璃杯、兰花、瓷茶壶、毛笔和砚台，表现出品茶试砚的文人雅趣。

杏子坞老民齐白石画砚
茶具

寒夜客来茶当酒
齐白石
北京画院藏

纸本
设色
纵 66.5 厘米
横 28 厘米

寒夜客来茶当酒

齐白石

“寒夜客来茶当酒”是齐白石时常创作的主题，这幅画创作于1932年。乍冷的初雪，温暖的烛光摇曳，画面中一枝梅花插在一壶清水里，画面题跋：寒夜客来茶当酒。使我们联想到了画外之画，有两位知音边对樽品茗，边观赏寒梅，灯下畅叙，何其风雅。

寒夜客来茶当酒
白石偶尔

梅花见雪更精神
齐白石
藏地不详
纸本
水墨设色
纵 38 厘米
横 106 厘米

梅花见雪更精神

齐白石

该画创作于 1940—1945 年，一个青色的细颈长脖花瓶，一柄提梁瓷茶壶，瓶中的梅花红艳，风骨劲盛，格外精神。

梅花見雪更精神
三百石印白石

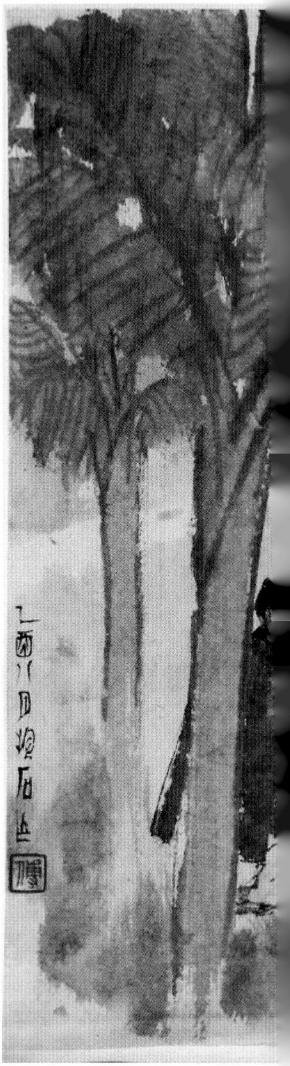

蕉荫烹茶图

傅抱石

傅抱石（1904—1965 年），祖籍江西新余，是我国 20 世纪杰出的中国画家、篆刻家、美术史论家、美术教育家。

此图为 1945 年作品，绘一位文士手持蒲扇，坐于蕉荫下煮茶品茗，一位侍者手持水勺缓缓走来，整个画面呈现出静逸的自然环境和主人恬淡的内心世界。

蕉荫烹茶图
傅抱石
故宫博物院藏
纸本
设色
纵 32 厘米
横 37.2 厘米。

年度报告

博物馆打卡

☐ 是否去过 ✓ ✗

☐ 故宫博物院	韩熙载夜宴图 五代·顾闳中 重屏会棋图 五代·周文矩 清明上河图 北宋·张择端 春宴图 南宋·佚名 卢仝煮茶图 南宋·刘松年 惠山茶会图 明·文徵明 茶具十咏图 明·文徵明 玉洞仙源图 明·仇英 品茶图 明·陈洪绶 玉川煮茶图 明·丁云鹏 王原祁艺菊图 清·禹之鼎 陶穀烹雪图 清·孙祜 秋树昏鸦图 清·王翚 乾隆皇帝松荫消夏图 清·董邦达 瓶菊图 清·虚谷 桐荫品茶图 清·佚名 蕉荫烹茶图 傅抱石	北京
☐ 中国美术馆藏	茗茶待品图 清·任伯年 笔砚壶具图 齐白石	北京
☐ 北京画院	寒夜客来茶当酒 齐白石	北京
☐ 上海博物馆	高逸图 唐·孙位 百尺梧桐图 元·赵孟頫 惠山茶会图 明·文徵明 词林雅集图 明·吴伟 溪亭试茗图 明·文嘉 水绘园雅集图 清·戴苍 煮茶洗砚图 清·钱慧安	上海
☐ 浙江省博物馆	梅兰图 清·李方膺	杭州
☐ 杭州潘天寿纪念馆	旧友晤谈图 潘天寿	杭州
☐ 天津博物馆藏	林榭煎茶图 明·文徵明	天津
☐ 辽宁省博物馆	萧翼赚兰亭图 北宋·佚名	沈阳
☐ 黑龙江省博物馆	斗浆图 南宋·佚名	哈尔滨
☐ 济南市博物馆	竹林七贤图 清·俞龄	济南
☐ 烟台市博物馆	采茶翁图 清·黄慎	烟台
☐ 新疆维吾尔自治区博物馆	弈棋仕女图 唐·佚名	乌鲁木齐
☐ 毛泽东故居	茶具梅花图 齐白石	湘潭

（续）

□ 台北故宫博物院	萧翼赚兰亭图　南宋·佚名 宫乐图　唐·佚名 明皇合乐图　唐·张萱 演乐图　唐·周昉 文会图　五代十国·丘文播 龙眠山庄图　北宋·李公麟 文会图　北宋·赵佶 唐十八学士图　北宋·赵佶 风檐展卷　北宋·赵伯骕 茗园赌市图　南宋·刘松年 撵茶图　南宋·刘松年 品泉图　南宋·佚名 卢仝煮茶图　元·钱选 斗茶图　元·赵孟頫 陆羽烹茶图　元·赵原 雨后空林图　元·倪瓒 寒林茗话图　元·佚名 听琴图　元·佚名 汲泉煮茗图　明·沈周 山亭纳凉图　明·周臣 松窗对奕图　明·周臣 乔林煮茗图　明·文徵明 品茶图　明·文徵明 事茗图　明·唐寅 品茶图　明·唐寅 斗茶图　明·唐寅 烹茶图　明·唐寅 琴士图　明·唐寅 松亭试泉图　明·仇英 品茶图　明·居节 煮茶图　明·王问 坐听松风图　明·李士达 玉川先生煎茶图　清·金农 品泉图　清·金廷标 摹宋人文会图　清·姚文瀚	台北
□ 美国弗利尔美术馆	萧翼赚兰亭图　元·钱选 饮茶图　南宋·佚名	华盛顿
□ 美国纳尔逊艺术博物馆	调琴啜茗图　唐·周昉 消夏图　元·刘贯道	堪萨斯城
□ 美国大都会艺术博物馆	孝经图　北宋·李公麟	纽约
□ 美国西雅图艺术博物馆	周茂叔爱莲图　明·沈周	西雅图
□ 美国克利夫兰艺术博物馆	写经换茶图　明·仇英	克里夫兰

图书在版编目（CIP）数据

诗画里的中国茶 / 朱海燕编著 . -- 北京 : 中国农业出版社 , 2023.8

ISBN 978-7-109-30963-0

Ⅰ . ①诗… Ⅱ . ①朱… Ⅲ . ①茶文化 - 中国 Ⅳ . ① TS971.21

中国国家版本馆 CIP 数据核字 (2023) 第 141126 号

诗画里的中国茶
Shihua Lide Zhongguocha

中国农业出版社出版
地址：北京市朝阳区麦子店街18号楼
邮编：100125
责任编辑：郭晨茜
版式设计：刘亚宁　责任校对：吴丽婷　责任印制：王　宏
印刷：北京中科印刷有限公司
版次：2023年10月第1版
印次：2023年10月北京第1次印刷
发行：新华书店北京发行所
开本：889mm×1194mm　1/32
印张：8.5　插页：3
字数：250千字
定价：88.00元